Outdoor Advertising Design / Production

戶外廣告

樊志育・樊震◎著

「廣告經典系列」總序

廣告是每個現代人日常的經驗。一早睜開眼睛到晚上睡覺，只要接觸到大眾媒介，就會看到、聽到廣告。即使不使用大眾媒介，走在路上看到的招牌、海報、POP都是廣告；搭乘公車、捷運，也會有廣告。廣告既已成爲日常經驗的一部分，現代人當然有必要瞭解廣告。

廣告是種銷售工具。在早期，廣告銷售的是具體的商品，透過廣告可以銷售農具、肥料、威士忌；現代的廣告則除了銷售具體的商品外，還可以銷售服務與抽象的觀念（idea）。因此我們看到廣告告訴我們「認真的女人最美麗」，藉此來說服大部分自己覺得不美麗但工作很賣力的女生來用他們的信用卡。同樣地，我們也看到政黨與政客們透過廣告告訴選民，他們多麼「勤政愛民」、多麼「愛台灣」。

換言之，現代的廣告已大量地使用社會科學的理論與知識來協助銷售，這些理論可以用來解決廣告的五個傳播因素：

(1)傳播者（communicator）：如何提高傳播者的可信度（source credibility）、親和力（attractiveness），或是提升消費者對傳播者的認同。

(2)傳播對象（audience）：瞭解傳播對象的AIO（態度、興趣、意見），他們的人口學變項、媒介使用行爲，甚至透過研究來探討哪些人耳根子比較輕，容易被說服。

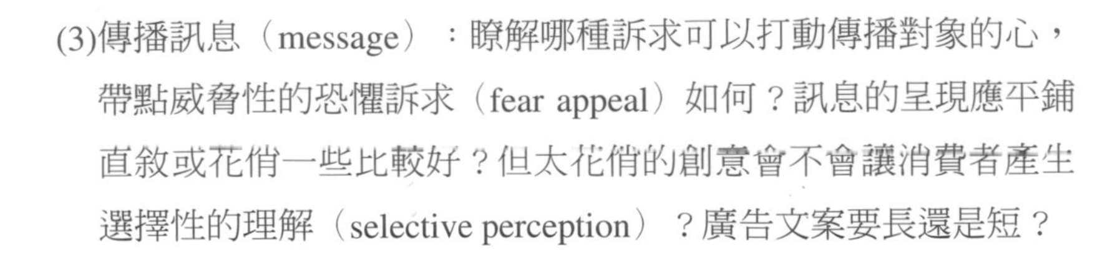

(3)傳播訊息（message）：瞭解哪種訴求可以打動傳播對象的心，帶點威脅性的恐懼訴求（fear appeal）如何？訊息的呈現應平鋪直敘或花俏一些比較好？但太花俏的創意會不會讓消費者產生選擇性的理解（selective perception）？廣告文案要長還是短？

(4)傳播通路（media）：四大媒體（電視、報紙、廣播、雜誌）以及網路，哪一種最適合作爲廣告媒體？理性說服應使用何種媒體？感性訴求又應使用何種媒體？廣告呈現與媒體內容是否應搭配？

(5)傳播效果（effect）：銷售並不是廣告效果的唯一測量指標，認知（cognition）、情感（affection）的提升都可以用來探知廣告效果。

由此可以瞭解，社會科學理論的加入，使得廣告從「術」變成「學」。即使在美國，廣告成爲知識體系的時間也只約略百餘年的歷史，十九世紀末九〇年代，Nathaniel C. Fowler發表了三本有關廣告的著作（*Advertising and Printing*、*Building Business*、*Fowler's Publicity*），開啓了廣告書籍的先河，二十世紀初，已有廣告主用回函率（mail-order response rating）以及分版印刷（split-run）的方式來測量廣告效果；一次大戰後，心理學的研究被導入廣告，二次大戰期間，開始有了廣播收聽率調查，也有了雜誌廣告閱讀率的研究。

在台灣，廣告教育始於國立政治大學新聞系，該系於一九五七年開授「廣告學概論」，由宋漱石先生任教，隔年由余圓燕女士接任；而中興大學的前身台灣省立法商學院，亦於一九五八年於企管系開授「廣告學」，由王德馨教授任教。

而將傳播理論導入廣告學的則是徐佳士教授，徐教授是第一個有系統將傳播理論介紹到台灣的學者，他在政大新聞系開授廣告學時，即運用傳播理論以說明廣告的運作，爲廣告學開啓了另一扇窗。

半世紀來，台灣廣告學術當然有了更大的進步，一九八六年文化大學設立廣告系，接著一九八七年政治大學設立廣告系，一九九三年政治大學廣告系出版《廣告學研究》半年刊，爲我國第一本廣告學術期刊，引導廣告學研究；一九九五年輔仁大學廣告傳播系獨立成系，一九九七年政治大學廣告系碩士班首次招生，開始了研究所層級的廣告教育。

承先啓後，前輩學者爲廣告學術啓蒙，作爲後進的我們當然應該接棒下去，因此我和幾位學界、業界的朋友接受了揚智的委託，做了一些薪火傳承的工作——撰寫整理廣告學術書籍，這套叢書有一部分新撰，有一部分是來自樊志育教授的作品。樊教授出身業界，後來任教東吳大學企管系，著作極豐。樊教授這些早年的作品自有其價值，然因台灣近年社會變遷快速，自然有必要加入新的資料，因此我們請來幾位年輕的學者改寫，一起爲這些作品加入新活力。

這套叢書經與揚智顧問陳俊榮教授（朋友們都叫他「孟樊」）研究，命名爲「廣告經典系列」，稱爲「經典」，一方面爲表彰樊志育教授對廣告學術的貢獻，另方面也是新加入的作者們的自我期許，凡走過必會留下足跡，他日是否成爲「經典」，且待時間的淬煉。

是爲序。

鄭自隆　謹識

二〇〇二年三月於政治大學廣告系

前言

現代人的生活當中，處處充斥著五花八門的廣告。在繁複多樣的媒體中，如何使廣告有效，成爲廠商與廣告商煞費周章的課題。而對廣告主而言，不容諱言，最重要的還是廣告效果問題。如何以最少的廣告投資，發揮最大的廣告效果，成爲問題焦點。可是目前大眾傳播媒體，如報紙、電視等，廣告價格如日中天，不斷竄升。相形之下，只有戶外廣告可以花小錢立大功。

揚智文化事業股份有限公司鑑於台灣戶外廣告的發展潛力，以及提升戶外廣告製作技術之迫切性，擬出版作者所著《戶外廣告》之繁體中文版，以應所需。作者認爲在此媒體氾濫、廣告費不斷攀升之際，如何能以小額廣告預算，發揮最大廣告效果，戶外廣告爲唯一選擇，於是慨允將全球繁體中文版權讓與該公司。

《戶外廣告》一書除一般理論外，涉及製作技術，欲達完美境界，必須富實務者參與。所幸小兒樊震，以其美國伊利諾大學工業設計碩士的學歷背景，和任職杜邦、愛克發、日本凸版印刷公司等多年的歷練，及目前在美國從事戶外廣告事業，對美國戶外廣告瞭若指掌。不但是項資料汗牛充棟，且富戶外廣告經營實務及製作技術，對本書著墨頗多。長孫樊少凱，在美國成長，深諳美國文化習俗，對文案俚語之翻譯，頗多付出。賢婿李浩博士和小女樊娟娟赴歐參加國際學術會議之便，拍下極有價值的歐洲戶外廣告多幀，使歐美戶外廣告之精華熔於一爐。

當茲本書付梓之際，除對本書付出心力者致以眞摯的祝福外，並對揚智文化致以崇敬之忱，沒有該社的青睞，本書無緣與繁體中文讀者見面。

著者謹識於美國紐澤西寓所

目錄

戶外廣告

戶
外
廣
告

Outdoor Advertising Design / Production

第一章

戶外廣告淺說

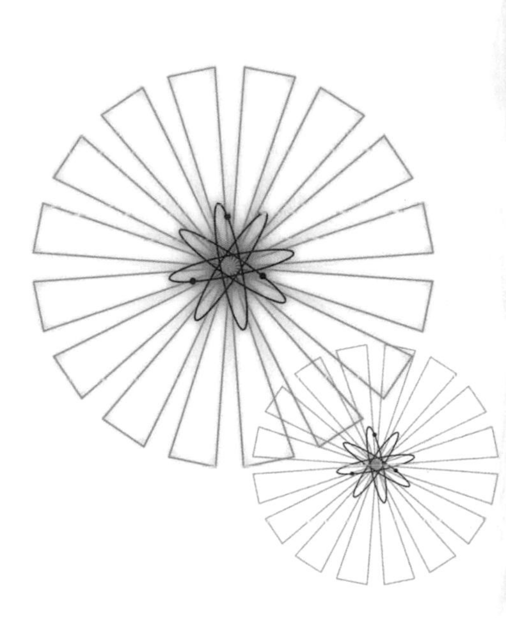

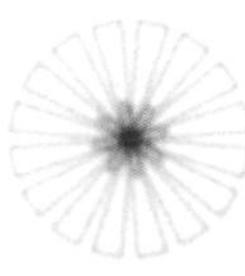

1-1 戶外廣告的價值

廣告在行銷（marketing）策略中，占有絕對的重要地位，廣告運用得當，可強化銷售，締造佳績。然而人們大都不了解或不善用招牌和廣告之間的關係。一般人包括傳播專家一提到廣告只想到眾所周知的大眾傳播媒體——廣播、電視、報紙、雜誌，卻不認為招牌亦為廣告媒體的一環。事實上，所謂廣告媒體不只是平面的或靜態的，亦可呈現立體的、動態的，招牌即屬此種媒體。

要了解廣告媒體的功能，首先必須了解廣告的涵義；簡言之，廣告是試圖說服某一特定階層潛在消費群眾，去購買某一產品或執行某一勞務的商業傳播活動，其主要任務是「說服」消費者。廣告的作用是多方面的，它可以幫助人們對某一特定商品、廠牌及勞務，增強認知及記憶，促進消費者對其產品之興趣及購買意願。

所有廣告以其所扮演的功能，大致可分為兩大類：即「指引廣告」和「強制廣告」（intrusive）。指引廣告係指示消費者至何處去購買他所需要的商品。當消費者已決定購買某一產品時，需要指引廣告告訴他有關產品的各種資料，例如在何時在何處可買到該項商品。

「強制廣告」係指消費者並非主動尋求商品訊息。例如電視、電台廣告，在播放的當時，觀眾或聽眾並不一定準備購買該商品，但是不論他們願不願意接受，「強制廣告」依然照播不誤，所以說廣播電視的廣告（commercial），幾乎全屬「強制廣告」。

書刊雜誌上的廣告或為「指引」式，或為「強制」式。如專業雜誌上的廣告，大致屬於指引式廣告。因消費者多半期望從雜誌廣告上獲得更多他們已知的某項產品的輔助或補充資料。一般而言，大部分的廣告，兼具以上兩種功能，視某一特定時候客戶的態度及需要而定。例如某人路過大馬路時，看到一家蛋糕店的招牌，此種情形，這個招牌廣告，屬於「強制廣告」，因該行人心目中並無意購買蛋糕。但該行人如果欲赴友人生日派對時，該蛋糕店的招牌，對當時的他而言，則屬「指引」性質的廣告。

廣告是靠各式各樣的媒體將所要傳播的訊息傳達給消費者，媒體依其傳播的方式，大致分爲室內和戶外兩種，室內媒體的傳播對象，爲靜止在家的消費者，如廣播、電視、報紙、雜誌等。戶外媒體則以流動的消費者爲對象，招牌則屬於後者，其對象主要爲在路上通勤、購物、逛街者等，這些人大眾傳播媒體無法觸及，但戶外廣告正好塡補了這個空隙。

1-2 戶外廣告的特性

所謂戶外廣告，是指在戶外特定場所，以不特定多數爲對象，在一定的期間內持續提供視覺傳達溝通的廣告物。

除大眾傳播四大媒體外，戶外廣告媒體已成爲第五大媒體。就戶外廣告發展過程而言，戶外媒體是由傳統的靜態、固定、消極的表現方式，走向動態、積極的表現方式。

戶外廣告的特性，可歸納爲以下幾點：

(1)廣告效果持續發揮。

(2)不論平面或立體，各種造型隨心所欲。

(3)設置場所極富彈性，可以特定地區和階層爲廣告對象。

(4)加裝照明設備，可發揮照明效果。

1-3 戶外廣告的種類

就戶外廣告類別而言，可概分爲電子類和非電子類兩大類別。非電子類的戶外廣告媒體如廣告看板等，雖不如電子類以動態的形式表現，但也日新月異。傳統的戶外廣告媒體有大型壁面廣告、大型搭架式廣告等。較新的戶外媒體有音樂海報機、資訊驛站、車體廣告、熱氣球、飛艇等不勝列舉。

再以電子類的戶外廣告媒體而言，有電視牆、電子快播板（亦稱Q板〔quick board〕）、液晶活動顯示板（light-emitting diode，簡稱LED）、電腦彩訊動畫看板等。

Q板能以極短時間，將重要訊息製作完成播出，突破傳統戶外看板的呆板限制。

LED電腦看板，是由成千上萬個LED粒子所構成，是一種有顏色的發光半導體，其粒子呈圓球狀。目前常用的LED有紅、綠、黃、黑四種顏色，能排列組合形成千變萬化的圖案及文字。電視牆則是一種高科技的傳播媒體，是由許多小電視組合而成，影像文字以及特殊效果顯示，均能應付自如。與電腦連線，可發揮電傳視訊、實況轉播等功能。

還有一種電子媒體是雙面電視車，它是由75英寸和100英寸的兩台大電視構成，架在一輛小貨車上，沿著馬路邊跑邊放廣告，這種形式廣告，台北街頭經常出現。

總之，戶外廣告媒體，海闊天空，有無限的發展空間，隨著科技的進步，相信新的戶外媒體，將不斷被發掘、被改革與創新。

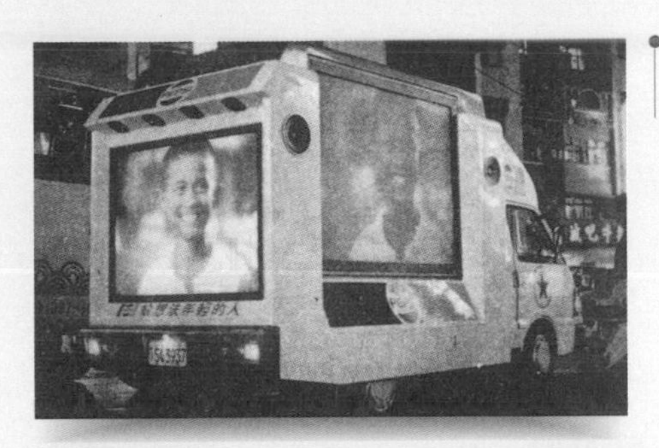

這是台灣黑星科技公司研發的大型雙面電視車。此一極富衝擊力的新媒體所播映之廣告影片，不受天候影響，聲色俱佳，瞄準訴求對象，定點停靠，穩紮穩打，將媒體功能發揮得淋漓盡致。
資料來源：樊志育，《廣告學原理》

液晶活動顯示板。
資料來源：*Sign of the Times*, November 1999

美國加州一家車廂廣告公司，專門出租特別裝置的小型卡車給廠商，車上備有燈箱，可變換廣告畫面，並配有音樂，可以說集聲光於一體，廠商按月承租，開赴展覽會場、表演秀場、球場、音樂會場等各種商業集會場所。
這種車廂媒體最大的功能在於機動性強，可按各種集會所參與之群衆消費習慣、生活背景、人口結構，決定廣告文案與畫面，鎖定訴求對象，達到預期傳播效果。
資料來源：AA雜誌

1-4 戶外廣告的對象

市場經濟與生產經濟最大的區別，在於後者強調改進生產技術，擴大生產。而市場經濟，則著眼於商品大量銷售的技巧和方法，也就是所謂「市場行銷」（marketing）的運用；包括商品開發、價格政策、包裝與促銷的整套計畫。

市場行銷的本質就是一套完整的市場計畫，是鼓勵或刺激某特定銷售對象，亦即所謂目標市場（target market），去購買特定的產品或勞務（service）的一種策略活動。這個活動至少由下列三個因素構成：

(1)某特定產品或勞務。

(2)特定的銷售對象或市場目標（target）。

(3)買賣雙方的溝通管道，也就是廣告。

在眾多的廣告媒體當中，戶外廣告是現代社會不容忽視的溝通管道。因為現代的社會結構已非靜態的農業社會，愈來愈多的人花費更多的時間在路上通勤，或是上下班或是購物度假。這一大群經常流動的人，大眾傳播媒體不能有效地觸及，而他們正是戶外廣告的理想訴求目標。

市場計畫經由市場區隔（market segmentation）研究，篩選出這些經常流動的消費者，並分析他們的背景資料——如教育程度、種族、職業、收入、年齡等，以便掌握正確的市場目標，擬訂適合這個特定對象的行銷計畫。

市場研究人員亦可分析哪些產品是屬於即興購買（impulse purchase）。即興購買亦稱「衝動購買」，就是消費者的購買決定取決於

這是美國紐澤西州一處購物中心（mall）——SEARS百貨公司門前的畫面。這座POP廣告，雖然設置在SEARS百貨公司門前，但所廣告的並非SEARS的百貨商品，而是電影院的電影廣告。電影廣告之所以設在這裡，是由於百貨店門口是顧客必經之地，是最惹人注目的所在。
另外值得介紹的是，這座POP銅架呈三角形，擴大了行人視覺，來往行人均能注視到這個廣告，這種POP造型，值得參考。
資料來源：作者拍攝

購買當時的態度與喜好，例如消費者走進商店，由於店內的展示（display）色彩豔麗，激發他的購買意願，或因戶外廣告的新奇，一時衝動而購買，這就是所謂的即興購買。

如果市場行銷人員能確定某種商品，消費者購買動機純粹因店面廣告（point of purchase，簡稱POP廣告）或戶外廣告所激起的，那麼就可採用戶外媒體作爲溝通的橋樑。

1-5 怎樣使戶外廣告奏效

◎令人震撼的創意

戶外廣告是一種顯眼的媒體，但要有創意，不論文案或圖片，都是展現創意的絕佳工具，視覺上的驚訝，能引起震撼而認知。

這幅大海報，高達三層樓，超級模特兒展示了「維多利亞的秘密」，吸引無數目光。
資料來源：*The Big Picture*

◎力求簡潔

戶外廣告是一種簡潔的表現藝術，就是一張圖片、或幾個文字，就能奪取消費者目光，激盪心扉。

◎詼諧幽默

面對無聊的消費者，詼諧幽默的戶外廣告，無疑是一種娛樂消遣的媒體。

◎力求個別適用

個別化的海報是實用的，而且適合短期的傳播，海報上除提示個別地理區域外，應印上當地經銷商名稱。

◎鮮豔色彩的運用

一般而言，黃底黑字，最易辨認。千變萬化的色彩組合，是引人注目的不二法門，但僅限運用原色。

◎選擇適當的位置

利用地利優勢，是提升戶外廣告效果的訣竅，例如在人潮洶湧之處，張貼海報或豎立廣告招牌，可發揮較大廣告效果。不要忽略戶外廣告到達鄰近地區的能力，很多社區利用其地利之便，張貼海報廣告，傳達社區訊息。

1-6　戶外廣告企劃要點

從戶外廣告與消費者行動的關係而言，戶外廣告可以說是「場所媒體」，企劃戶外廣告，要點如下：

◎符合廣告主之意願

首先考慮廣告主設置戶外廣告之目的為何，考慮是「企業廣告」還是「商品廣告」，再對廣告主所提供的「公司名」、「商標」、「標準字形」等資料，予以仔細研究。

◎適應大衆的趣味

為了獲得最大廣告效果，應投大眾之所好。例如在霓虹密佈地段，偏重燈光的強度、色彩的濃豔、點滅的複雜，這種霓虹廣告反而會造成反效果，得不償失。如果在極端色彩繽紛、霓虹氾濫的鬧市，裝設單色無點滅靜態的霓虹燈，反而會特別吸引逛街者的目光。

◎實地調查現場

戶外廣告之設置，必須適應當地環境，不論廣告主的希望如何深切，不論廣告所能發揮的效果如何宏大，如果不適應實地情況，就不可施工。

◎遵守相關法規

按《招牌廣告及樹立廣告管理辦法》第14條規定，下列處所不得設置招牌廣告及樹立廣告：

(1)公路、高岡處所或公園、綠地、名勝、古蹟等處所。但經各目的事業主管機關核准者，不在此限。

(2)妨礙公共安全或交通安全處所。

(3)妨礙市容、風景或觀瞻處所。

(4)妨礙都市計畫或建築工程認為不適當之處所。

(5)公路兩側禁建、限建範圍不得設置之處所。

(6)阻礙該建築物各樓層依各類場所消防安全設備標準規定設置之避難器具開口部開啓、使用及下降操作之處所。

(7)其他法令禁止設置之處所。

◎媒體現場調查

調查戶外廣告所在的城市在全國人口、產業，所占地位如何，調查戶外廣告位置在該城市範圍內所占的經濟地位如何，如鬧市、交通要點、批發市場、群眾密集的體育場或展覽會場。更要調查附近已有戶外廣告物的情形，如現有之廣告規模、構造、形式、色彩、燈光、點滅狀態等。

◎觀眾調查

戶外廣告之觀眾，是機場、車站之旅客或公車乘客，觀眾量的多少，可參考當地相關機關交通流量統計資料。觀眾的質，可由住宅區、商業區、工業區或觀光區來加以分析。

◎設置條件調查

調查該媒體位置可能設置多大規模之廣告物、建築物的負荷強度等，應參考該建築物結構圖。

◎廣告預算

以日本為例，戶外廣告媒體費之概算程式是：地價×1/3×廣告面積。廣告工程費與廣告物之建築費及其使用之電費有關。概算單價，應按無燈光看板及有燈光者，分別就其構造材料、面積大小等項目計算。

1-7 戶外廣告設計原則

戶外廣告的設計方式，花樣繁多，並無定論。大致而言，有的平鋪直敘，直接說明想要促銷的商品，標明價格並告知出售地點。有的招牌表現含蓄，運用適當的顏色、字體和字形，創造一種氣氛，以反映產品或公司的形象。前者無所謂設計，僅把必要的廣告資訊，開門見山，說明清楚。後者則結合了美工、色彩、消費心理，甚至市場研究結果，綜合地充分表現出來。

招牌廣告可依產品的特性、銷售的策略、製作的預算以及設置地點周圍環境、廣告法規限制等，來決定以何種方式、材料、尺寸進行實際製作。

如果是臨時突發的商業活動，需要小型布條或招牌，無須過度審慎研判，僅以普通的紙板或廉價的材料即可完成，並能達到所要宣傳的目的。如百貨公司、超級市場因存貨過多，需要盡快出清，所用的促銷海報等，其製作過程及所用材料盡無不如此。

但是公司行號、政府機關、學校、旅館、超市、飯店、甚至小型商店，其永久性的招牌或促銷看板，就不能僅以文字或圖案草率行事。

一般而言，招牌或標誌的設計，必須考慮其傳播對象的層次，以及吸引其心理因素，來決定招牌的設計方向。其所使用的文字圖案色彩或表達方式以及整體佈局等，均須精心推敲安排，務求符合對象階層的胃口，投其所好，方能吸引他們的注意。因此招牌廣告設計，透過適當的字體、造型以及色彩的配合，方能表現出廣告主的產品或服務的特性。換言之，招牌或標誌的設計，必須能創造企業形象，對消費者具吸引力，使他們一看到招牌或標誌，就能立即「感覺」或聯想到其所代表的行業和所暗示的意義。

重複（redundancy）提醒是戶外廣告的主要特性，因戶外廣告是在固定地點，可一再反覆向路人提醒。重複不斷以同一造型、圖案或創意，表現一個概念，以加深人們的印象和記憶。例如停車（stop）的交通標誌，一律使用紅白相間的顏色，八角形盾牌，使駕駛人能在最短的時間內，認知其所代表的意義。又如美國的中國餐館招牌，其英文字體多以中國毛筆書寫，並用紅、黃、黑、綠等典型東方色彩，使人不必細讀招牌文字，一望即知它是代表中國或與東方有關的行業。重複使用同一形式表達某一概念，爲設計招牌或標誌者必須掌握的首要原則。

Outdoor Advertising Design / Production

第二章 戶外廣告經營

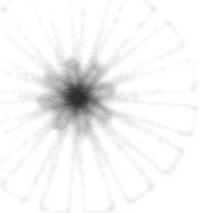

2-1 如何經營戶外廣告公司

不論創辦任何事業，首要資金，資金多寡攸關事業規模、組織型態。其次要決定所創辦的事業是獨資、是合夥或是公司。以創辦戶外廣告業而言，公司規模可小可大，小規模的招牌店，三五人即可應付。大規模的招牌店，員工可多達數百人。

戶外廣告業是一種服務業，服務業不同於商品之產銷，以服務品質為要，所以員工素質成為重要關鍵。

戶外廣告業以設計製作為營運主要內容，因此，傑出的設計及製作人才，左右廣告成品是否優良。

戶外廣告設計與製作，涉及製作設備，小規模的招牌店，最起碼要具備以下工具：電腦為廣告設計必備之工具，其他如電腦刻字機、中型彩色印製機、電腦切割機以及廣告裝置設備均不可缺。

至於戶外廣告業服務項目，一個中小型的公司，除燈箱或霓虹外，尚包括車輛貼字、玻璃廣告、藝術金屬刻字、商品促銷掛條、交通指標、海報、標籤、貼紙、磁鐵招牌、商展攤位設計等，凡是與商品促銷或指示說明有關者，均為服務項目的範圍。

此外，經營戶外廣告業，應審慎考慮以下各項：

1.公司所在位置（location）：必須選擇客戶容易尋找的場所，戶外廣告業並非經營日常生活必需品的雜貨店或百貨公司，不必太熱鬧繁華的地段，但也不宜在太偏僻的處所。

2.專業化的經營（specialization）：戶外廣告業務繁雜，在分工日趨細膩的今天，最好以對其中某些事務項目特別精練者為其拿手項目。如果以卡車字幕（truck lettering）為專業者，應選卡車聚集的區域作為公司地點。

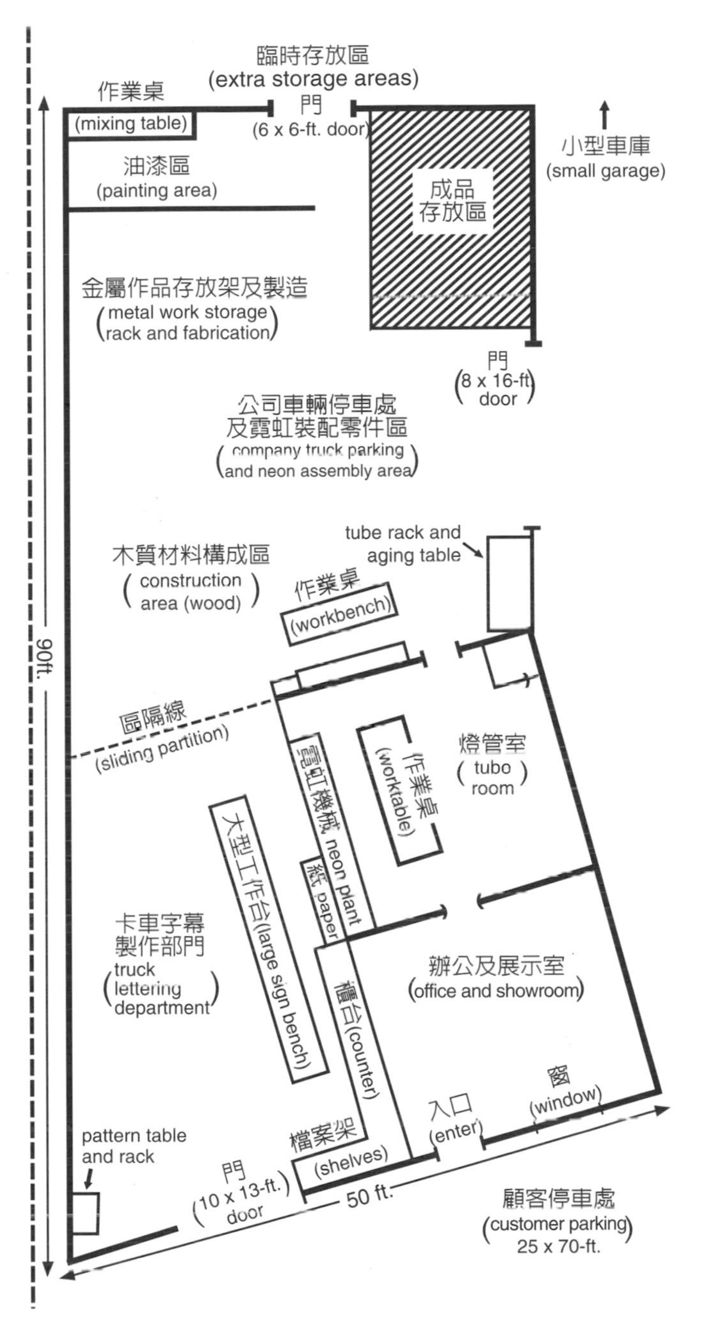

中型戶外廣告製作公司平面圖（例）
資料來源： *Practical Sign Shop Operation*, p.13.

3.公司佈局（shop layout）：視公司專業項目，妥善規劃。例如廣告旗幟製作、一般標誌作業、卡車字幕製作、霓虹廣告製作、網印及雷射刻印等，按作業流程，作公司佈局之依據。

2-2　戶外廣告業務的承攬

一般人對戶外廣告的印象，多爲高矗於公路兩旁的大型彩色廣告看板。一般而言，這些看板是由大型廣告公司設計，交由戶外廣告製作公司，用手繪或電腦噴印於多張帆布紙上，再由工人拼製而成。

以美國而言，戶外廣告看板通常由全國或某地區的戶外廣告公司，以租借的方式承租給廣告主。看板的高度、大小、間隔和地點，均經縝密設計與安排，並作過市場調查，以掌握每一看板「被看」的次數和銷售業績之間的關係。

然而大型看板租金昂貴，絕非一般地方性的小型企業所能長期負擔，況且交通頻繁的地段，競相爭取，排期掌握不易。幸好戶外廣告媒體並非僅限於公路看板，其他如候車亭、地鐵、聯結貨運車廂、公園座椅以及空中氣球等，均可用作戶外廣告媒體。

2-3　戶外廣告業經營方式的蛻變

戶外廣告業界認爲廣告招牌，不應局限於傳統的招牌（sign）方式，而應擴大至與商業推廣（business promotion）相關的任何事物，小至磁質名片，大至霓虹工程，甚至車輛船舶的美工（graphics）無所不包。

其次，新型的招牌店（sign shop）如雨後春筍，欣欣向榮，不必

以公園座椅作為廣告媒體的做法，世界各國司空見慣不足為奇，不過用油漆匠兼充模特兒，在塗漆之餘，悠閒地大嚐所廣告的產品Kitkat巧克力的鏡頭，誠不多見。
圖為雀巢食品公司為在土耳其建立品牌所做的公園座椅廣告。
資料來源：*Open Communication in the 21st Century*, p.212.

像過去那樣在寒風淒雨中做苦工，可以像一般小型企業那樣，與速食業、咖啡店不分秋色，並存於終日喧鬧的商場之中。雖然招牌的製作方法繁雜紛歧，製作技術日新月異，並非小型店鋪所能完全勝任，但由於戶外廣告設計人才輩出，製作技術不斷提升，經營型態的脫胎換骨是指日可期的。

招牌業的經營蛻變得益於科技發展，亦有其他因素使然。因爲此一行業運作方式與作業項目過於複雜，如網印、鐳射刻印（engraving）、聚乙烯（vinyl）敷貼、木工雕刻（routing）等。其所用材料亦五花八門，如塑膠板、壓克力、木片、鋁片、旗幟（banner）材料等，一個小型店面無法全部承攬，但經由外包聯線代工作業（networking subcontracting），新型的招牌店仍然可以標榜快速交貨、全面服務（speedy, full service），直接與客戶在店內達成交易。

2-4 戶外廣告聯營制度

隨著戶外廣告設計製作的演進，美國招牌業經營的方式亦產生革命性的變化。傳統上，招牌屬半藝術美工製品，多係家族企業，世代沿襲相傳，無所謂行銷管理（marketing management），不講求效率。自從電腦科技發展造成招牌製作上的大突破後，有遠見的企業家們察覺到此一行業尚有許多發展空間，於是紛紛成立聯營公司（franchise），以新的經營姿態、新的行銷觀念、新的製作技法，經營此一嶄新行業。

所謂聯營制度，係參與聯營者須與聯營主（franchiser）簽約，接受聯營主所提供之聯營業務項目，從事經營。一般聯營制度，必須以聯營主之企業名稱爲店名，遵照聯營主所指定的店鋪型態加以改裝。換言之，要求參與聯營者之店鋪內部佈局、招牌形式、應備之商品等，全國一致。

除必須特殊技術的企業外，一般而言，參與聯營對外行人有利。如果經營者本身對某種行業經驗豐富，按自己的經驗，當然可以應付裕如，但外行者若希望馬上可以營運，按聯營項目及固定制度即可著手營運。

一般情形，參加聯營制度，於開店伊始一定期間，由聯營主派遣督導員（supervisor）或指導員，按照聯營基準規範，予以輔導。即或開業後，督導人員也要定期巡迴視察，互相檢討經營問題，尤其關於進貨、資料管理等爲督導之首要工作。因此，參與聯營者，只要遵循聯營守則，即可從事正常營運。但參與聯營者，對一定期間營業金額，有按既定比率課付聯營主一定費用之義務。

聯營制度應用在戶外廣告業時，同樣必須以聯營主之名稱爲名稱，全國各聯營店有劃一的建築形式、內部佈局、招牌以及業務項目。並由督導人員定期來店檢查營運情形，作出具體改進建議，並要求向聯營主支付營業額一定比率之金額，作爲回報。

2-5 蓬勃發展中的美國招牌聯營制度

目前美國已有十數家聯營招牌店（franchise sign shop），較具規模者如FAST Sign、Sign-A-Rama、Sign Express、The Signery、Signs Now等，均以新的營運理念加速擴展業務。其中以FAST Sign發展最快，該公司於1985年開始聯營制度（franchise system），迄今全美已有228家加盟店，另在南美、歐洲及加拿大亦有多家加盟店，其業務占全美快速招牌製作市場的30%，被列爲業績最優的招牌聯營企業之一，博得INC、Success等雜誌對其經營管理成效備加褒揚。

美國第二大的是Sign-A-Rama，全美目前有將近200家加盟店，另在上海等大城市以及南美等國亦在積極擴展聯營制度，廣徵聯營夥伴，發展之速，十分驚人。

Sign-A-Rama之前身爲快速印刷公司（Minuteman Press），自1974年創立以來，已有900多家加盟店。以其多年累積的聯營經驗及業績成效，創辦人Roy Titus相信招牌製作業亦可用同樣模式經營，於是於1986年在紐約Farmingdale成立第一家Sign-A-Rama聯營公司，至今該公司全美已有13家分公司，爲其將近200家加盟店服務。

Sign-A-Rama總公司積極鼓勵各加盟店從事全面服務（full service），並在全美各處成立外包的聯線作業網（net work），讓各地的加盟店將外包業務集中交由指定之代工廠商辦理，藉以降低成本，提高加盟店之利潤。

同時，該公司又成立大型購料中心（mass purchasing power），統

強調品質第一的Express Signs櫃檯。
資料來源：*Signs of the Times*, June 1994

Sign-A-Rama, USA加盟店全國統一店面標誌。
資料來源：作者拍攝

Sign-A-Rama, USA加盟店櫃檯
資料來源：作者拍攝

一大量採購、降低物料（material）成本，各加盟店向該中心購買物料，可享受廉價優惠。因此各加盟店與總公司利益均霑，對其他同業更有競爭力。

2-6 台灣招牌業實施聯營的現況

連鎖經營（chain management）本是美國創始的經營制度，但風起雲湧，席捲世界各國，以台灣而言，麥當勞是最先引進台灣的，其後相繼有溫蒂、德州炸雞、漢堡王、儂特利、必勝客等速食店接踵而至，但各家廠牌雖異，均顧客盈門座無虛席，此可能由於消費型態的改變，所引發的流行風潮所致。

台灣目前實施聯營加盟制度者如7-Eleven、24小時便利商店等，均發展迅速。

Outdoor Advertising Design / Production

第三章

戶外媒體發掘與運用

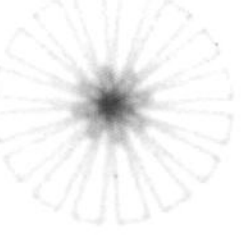

3-1 善用戶外媒體案例

爲發揮媒體最大效果，在廣告學裡有所謂媒體計畫（media planning）。媒體計畫係指對媒體之評價，即儘量選擇適合廣告目標、並在廣告預算內能達到最大效果之媒體。

媒體評價首先要做的就是媒體比較（media comparison），媒體比較除以廣告到達（reach）、消費者態度變更、購買等預期效果作標準外，同時要衡量媒體價格，此時一般用每千人平均成本C.P.M.（cost per millenary）或C.P.T.（cost per thousand），來比較哪種媒體最划算。

如以某一地區之消費者爲對象，選擇媒體時，戶外廣告媒體往往列爲被選的重要媒體，因爲它經濟實惠，效果顯著。

總而言之，戶外廣告媒體，是現代工商社會絕對不容忽視的第五大媒體。問題在於這麼重要的媒體，是否善於利用？再者，戶外廣告媒體無所不在，如何創造新媒體也是值得探討的，下面介紹幾幅善於利用媒體和如何發掘新媒體的實例。

這是一個善用戶外廣告媒體的實例。在*USA TODAY*報紙上出現一張海灘廣告的圖片，和署名Bruce Horovitz所寫的一篇報導。大標題寫道：啊，太陽、海濤……和大量的海灘廣告。副標題是「來自海灘和遊艇的訊息，他們（指海濱遊客）不會漏過」。內文大意是：夏天是懶洋洋的欣賞海灘風光的好季節，遼闊的海灘，一望無垠的海濤，令人嚮往。假如你是一位酷愛海灘者，想要在值得留戀的週末，去享受海灘樂趣，有一件事是逃不掉的，那就是能看到比平日更多的沙灘廣告。

由於戶外廣告的空間愈來愈少，何況在沙灘上做廣告，競爭者較少，加上每逢假日海灘人潮洶湧。戶外廣告媒體，特別重視人潮，凡

店內廣告物不一定要陳列在櫃檯上或懸掛在牆上。美國一家超級市場，將廣告平鋪在地上，利用地面作媒體，既無媒體費用，又能引起購物者的注意，真是一舉兩得的好主意，應大力推廣這種做法。
資料來源：*Signs of the Times*, December 1997

海灘廣告公司總裁Patrick Dori用清理海灘機刻印出數以千計的標誌（logos），本圖係美國著名花生醬品牌SKIPPY的logo，刻畫得十分逼真。
資料來源：*USA TODAY*

是交通頻繁、車水馬龍、人潮最多的地方就是最佳的戶外廣告投放地。所以公共海灘，猶如公共交通樞紐，是海灘廣告經營者進攻的目標。沙灘廣告是經特殊技術製作的清理海灘機，附帶刻畫設備，一邊清理海灘，一邊刻畫出各種奇妙圖樣，眞是一舉兩得。這種海灘廣告美國著名海灘逐漸風行。最好的例子，是紐澤西的Seaside Heights海灘，和密西根的Silver海灘，最具規模。海灘廣告公司正趁春假期間，在德州South Padre島開闢新的海灘廣告媒體。

除圖片所示SKIPPY沙灘廣告外，還有一些廠商試圖在海灘上抓住遊客目光，如：

1.遊艇為酒類做廣告：有3艘帶有Anheuser-Busch酒類標誌的遊艇，往返航行於聖彼德（St. Petersburg）到佛羅里達Fort Myers海濱。海洋招牌（Sea Signs）公司，一個週末向廣告主索取海灘廣告費2000美元。公司老闆說：這種廣告已經融入本州海灘景色的一部分。

2.海灘救生員為海灘裝做廣告：有些海灘廣告，是以救生員本身作爲媒體，把廣告做在救生員的身上。Izod是洛杉磯一家專營海灘裝的公司，爲推廣其產品，該公司7年間提供價值360萬美元，作爲救生員制服費，當然制服要有Izod的標誌。該公司另外每年提供給海灘10000美元以及帶有Izod字樣的手球網150個。

3.飛機為MCI電話公司做廣告：當美國國殤節假日，趁海灘人潮洶湧期間，利用飛機尾部牽引巨幅布條，上邊以家喻戶曉大明星Mr. T的口頭禪「笨蛋」作廣告文句的開頭，寫道：笨蛋，趕快利用MCI的1-800免費電話，打電話回家（call home, fool.），此項廣告，透過飛機從洛杉磯飛越邁阿密海濱，向海灘遊客訴求。文句生動活潑，不會枯燥乏味。

4.海灘交通工具廣告：日產汽車（Nissan）的廠商借給洛杉磯海灘60輛海灘專用汽車，供遊客免費使用，以提高「日產」企業形象。

5.衝浪板上防曬保養品廣告：把Daytona海灘所有的衝浪板，都印上Panama Jack防曬保養系列的標誌。同時也印在該海灘救生員制服上和海灘攤販上。

6.提供自動販賣機促銷可口可樂：可口可樂提供佛羅里達Daytona海灘及洛杉磯海灘所有冷飲業者自動販賣機。但是除可口可樂外不許出售其他品牌。並在海灘上提供100個印有可口可樂標誌的水泥長椅。

7.提供時鐘及溫度錶促銷礦泉水：Evian礦泉水公司提供洛杉磯海灘200個時鐘和溫度錶，裝置在救生塔上，以便遊客了解時間和當時氣溫。

8.棕色女郎促銷防曬油：每逢假期，所有大學生和愛好海灘人士，湧向豔陽普照的海灘，身著夏威夷熱帶裝束的棕色女郎，請遊客免費試用防曬油和乳液。

這幅垃圾桶的畫面，是在德國一處商場出口拍攝的，下端兩側的畫面，告訴路人投入垃圾的類別，一為金屬類，一為紙張類。如果將它用作廣告媒體，定能發揮廣告效果。因為廣告媒體無所不在，大至大眾媒體，小至火柴盒，只要有傳播效果，均可視為媒體。

這個垃圾桶造型十分優美，毫無不潔感，宛如藝術品。如由企業在公共場所大量設置，不妨在畫面之一角印上企業標誌，藉以提升企業形象（corporate image）。

資料來源：李浩提供

可口可樂創業迄今已有115年歷史，是世界上最成功的企業之一。如果要問它成功秘訣是什麼？答案很簡單，那就是「廣告」創造的奇蹟。可口可樂特別重視「廣告」，尤其善於利用「媒體」。這兩幅畫面，是拍自法蘭克福火車站內站外可口可樂善於利用媒體的情景。

資料來源：李浩提供

3-2　地鐵動畫廣告構想

在穿梭於隧道裡的地鐵列車中，透過地鐵列車車窗向外眺望，往往只見一片漆黑，徒增乘客寂寥。但此種情況可能即將有所改觀，英國有一名機師名叫浦爾威頓（Paul Weldon）的，爲車廂中沉悶的乘客，創造出娛樂氣氛的新意念。

這個新構想是地鐵公司或承攬地鐵廣告的廣告公司，在地鐵站與站之間，裝置一排排大型燈箱海報，當地鐵列車高速行駛時，乘客便能欣賞到栩栩如生的活動畫面（moving picture），宛如一幅幅動畫廣告（animation ad.）。

形成動畫的原理很簡單，那就是與製作卡通片的原理相同，就是將一幅幅不同的畫面連續播放（一般是每秒24格畫面），會令人產生幻覺，在視覺上看似活動影像一樣。

據實驗證明，當一輛時速每小時60英里的列車，駛過170幅並排陳列的海報時，車廂中便能看到一段大約7秒鐘的動畫。

據地鐵公司負責推廣有關此項計畫的Motion Posters公司表示，只要能確知每日有多少次列車在隧道中行駛，以及乘客人數，便能預估廣告效果以及廣告收費標準。不過此種廣告尚在構想嘗試階段，相信構想必將成眞，希望以此構想作爲發揚地鐵動畫廣告理論之依據，使地鐵廣告邁入另一嶄新境界。

以下四幅地鐵廣告是在瑞士伯恩拍的，前一幅是以對比方式作廣告表現。例如Evian礦泉水，喝了它宛如坐禪一般思維靜慮，清涼沁骨。
資料來源：李浩提供

Outdoor Advertising Design / Production

第四章

廣告招牌

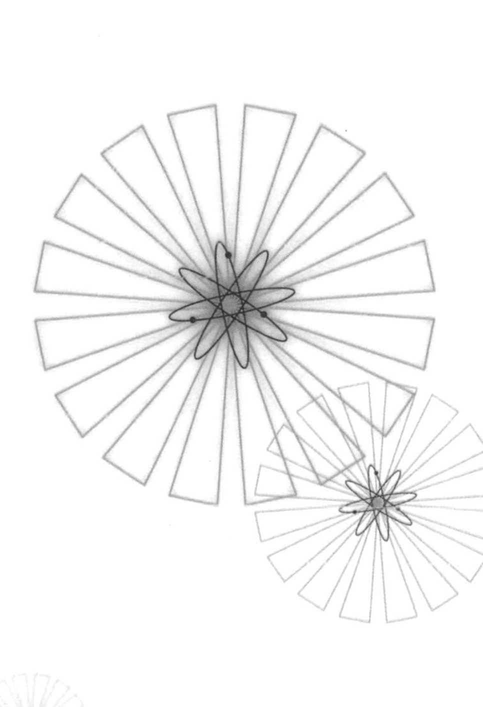

4-1 廣告招牌的功能

對小型企業而言，廣告招牌（sign board）可說是它們最重要的傳播媒體之一。花費少效果大，綜合而言，廣告招牌在行銷中，至少能發揮下列作用：(1)廣告作用；(2)指認作用；(3)提升企業形象作用。

以指認的功能而言，大型企業利用廣告招牌向消費者提示其產品或商標。一般具有規模的連鎖企業如「麥當勞」等速食業，以強烈的廣告攻勢，將其商標或產品印象，深植消費大眾的心扉。此時，廣告招牌可由人們熟知的企業商標一再向消費者提醒，以加深其印象，或告知人們此處出售所熟悉的產品，此為廣告招牌的指認功能。

一般小商店或小型企業，藉招牌發揮「銷售」的功能，也就是將招牌作為一種廣告媒體，期望透過招牌引誘或刺激消費者購買其產品

這個「麥當勞」看板，告訴你「麥當勞」店址所在。29號出口左轉即達，並有「24小時」全天候營業文字及其標誌，充分發揮指認功能。
資料來源：*Signs of the Times*, May 1998

或勞務。但企業為了提升其企業形象，招牌的設計或造型就和廣告認知的情形不同，前者只是重複企業既有的形象，加深顧客的認知。而後者則肩負塑造企業新形象的責任。因此，招牌對中小企業而言，涵蓋了廣告、指認和提升企業形象等全面性的功能。

4-2 廣告招牌的種類

廣告招牌亦稱廣告看板，係指表示公司名、店名、經營商品名，以及營業項目之標誌。其種類複雜多歧，名稱各異，茲舉犖犖重要者如下：

(1)商店正面設置之平面招牌。

(2)衣袖招牌：平面招牌必須在商店正面，才能看到，而「衣袖」式招牌，突出於建築物，猶如下垂的衣袖，從遠處即可進入眼簾，有利於廣告功能之發揮。

(3)突出招牌。

(4)霓虹招牌。

(5)霓虹塔。

(6)設置於鐵路沿線之看板。

(7)車站柵欄內之矩形看板：其構造係以L型或H型鋼條作腳，埋於地面而成，類似鐵路沿線看板。兩者名稱不同之原因，鐵路沿線看板，設於車站與車站中間在民間土地上，不必鐵路機構認可，但車站內之矩形看板設置於車站內，屬於鐵路用地，須經鐵路當局認可。

(8)電線桿看板。

(9)臨時看板：此種看板亦稱之為可「捨棄」之看板。一般用於賽

這是一種動感矩形廣告招牌，由於畫面呈波動狀，激起廣告的動感，更易惹人注目。這種看板適於近距觀看，不適於高速公路，設於火車站柵欄內效果顯著。
上左——左右波動　　上右——簾幕開閉波動
下左——二分節波動　　下右——三分節波動
資料來源：*Sings of the Times*, November 1996

馬、展覽會、競選等臨時活動。多用厚紙板印刷而成，不必回收，故稱可捨棄之看板，但以不污染環境爲原則。

(10)公路看板（road sign）：即美國之高速公路看板（highway sign）。

(11)海報看板（bill board）：多利用建築物壁面，早期以手繪油漆，亦稱painted bulletin。現在則用印刷，多彩多姿，華豔奪目。

以上所舉均屬廣告招牌，在媒體分類上稱之爲戶外廣告，亦有人稱之爲位置媒體（position media）。招牌可以說是最古老的廣告手段，從早期單純僅以店名爲主的招牌，有者吊在空中，有者置於地上，其形式十分幼稚。到今天形形色色的各種招牌無奇不有，形成氾濫，故招牌名稱，按設置位置、形狀、式樣、用料以及立地條件，名稱各有不同。

按慣例，凡是表示自家店名、經營商品、營業項目的招牌，屬於自家廣告，其他則屬於戶外廣告物範疇。自家廣告原則上不受戶外廣告法律約束，但如果超越一定規格，或越過建築視線，突出道路時，須受各地方政府戶外廣告物管制條例之約束，必須事先提出申請。

這是一家義大利餐廳的招牌，UBALDO'S字號，顯示在正面兩側，由於內裝照明，不論晝夜，皆能發揮招牌功能。
資料來源：Sign-A-Rama, USA (Morristown)

這是一家名為Micro Age的電腦商店，招牌上言簡意賅，充分發揮顯示店名和營業項目的兩種功能。
資料來源：SIgn-A-Rama, USA (Morristown)

這是一家經營運動及健康器材的招牌，主要強調營業項目，在設計上，其獨特之處在於Prime-time的P，覆蓋紅色圓點，使這個招牌平添蓬勃美感。
資料來源：Sign-A-Rama, USA (Morristown)

這是美國最流行的新式招牌。通常以高硬度實心紅木為材料，周邊文字經手工雕刻，將凹陷部分用23K金打造，中間籃球以噴畫手法噴成，呈立體感。此種雙面小型招牌，因係手工製成，需時費力，造價在2000美元以上。
資料來源：*Sign Business*, May 2000

店面招牌，應具備店名和業務類別兩種功能顯示作用。在設計佈局上，以簡單扼要為原則。這個以KIDS PLUS為店名的招牌，所經營的業務，係以兒童為對象的批發倉儲業務。
資料來源：Sign-A-Rama, USA (Morristown)

這是一家以Foxey Seven為店名的髮型設計（hair design）商店。用紅色草寫的Foxey Seven，以白底作襯托，十分顯眼。
資料來源：Sign-A-Rama, USA (Morristown)

我國將廣告招牌，早期分為「招牌」和「望子」兩種，招牌係指在木板上記載文字，而「望子」係模仿所經銷之商品形狀或其象徵物，而做成的招牌，按《辭海》載，「望子」係掛在酒店外當作市招的旗幟，俗稱「幌子」。

我國的商店招牌，始自何時已不可考。二十世紀初年，民豐物裕，商業繁榮，各大城市，店鋪櫛比林立，逛街人潮熙來攘往，車水馬龍。店門兩側各種招牌爭奇鬥妍，尤多旗幟型市招，五光十色隨風飄曳，耀眼奪目十分美麗，由於招牌造型含蓄優美，放眼望去一片旗海，蔚為奇觀。以下介紹幾幅中國城的戶外廣告作為參考。

這是美國華盛頓中國城成吉思汗大飯店的正門招牌雄姿（上圖）。從正門口看，半圓形大門象徵「蒙古包」。二樓是中國城海鮮大酒樓（Tony Cheng Chinese Restaurant），從招牌近景（右圖），可以看出宮廷式屋椽，金碧輝煌，紅底金字招牌高懸店門兩旁，肅穆莊嚴，令人興起思古幽情，成為海外遊子品嚐家鄉菜餚之最佳去處。
資料來源：作者拍攝

4-3 招牌是價格最低廉的廣告途徑

據美國TV Dimensions-89-Media Dynamics, Inc.等機構研究結果顯示：按廣告到達每1,000人為單位作比較，以招牌廣告價格最為低廉，僅1.40美元，電台30秒插播要4.10美元，1/3頁黑白報紙廣告要7.75美元，全頁四色雜誌廣告要7.90美元，電視黃金時段30秒插播每千人成本竟需16.65美元，由此看來，足以證明招牌廣告為價格最低廉之廣告媒體。

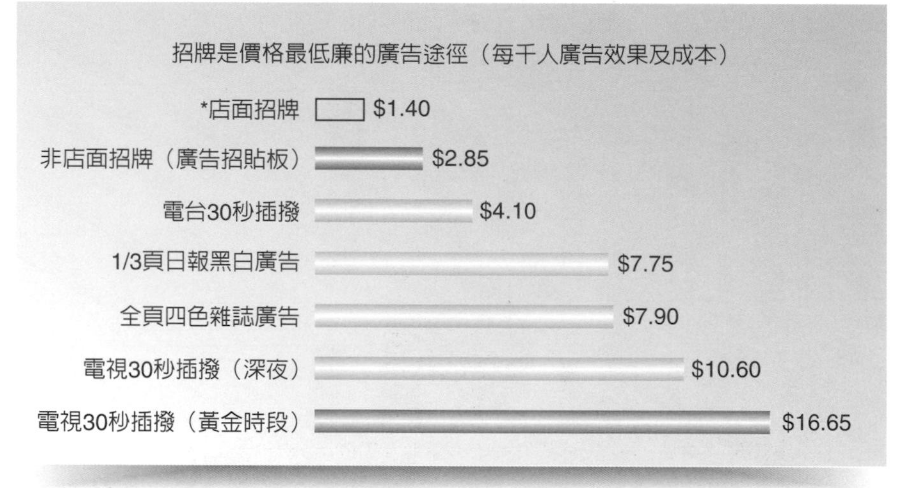

資料來源：TV Dimensions-89-Media Dynamics, Inc.

這是美國華盛頓中國城大華商場的戶外招牌。紅底白字，突出在商場的大門上。左右兩面，分別用中英文標示店名，以便招徠顧客。大門上方直豎菱形招牌，繪有「雙龍戲珠」圖案，作為中國傳統之象徵。
資料來源：作者拍攝

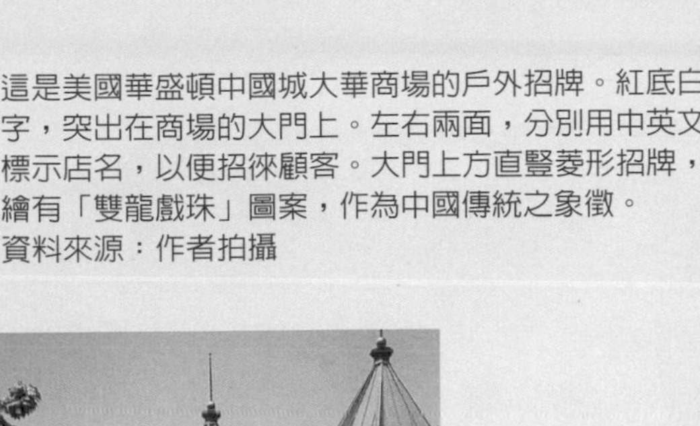

這個歐式建築是一家名為「蓉園」的咖啡廳，位於華盛頓中國城鬧市，遊客熙攘，車水馬龍。當作者近距離拍攝時，適逢一輛藍鳥（Blue Bird）巴士擋住門面，惜未能一窺全貌。好在高懸門上「蓉園」二字和GRANDE CAFE字樣依稀可見，其字體及用色高雅大方，陪襯得宜，發揮極大廣告效果，誠屬倜儻雅士談古論今的最佳休閒場地。
資料來源：作者拍攝

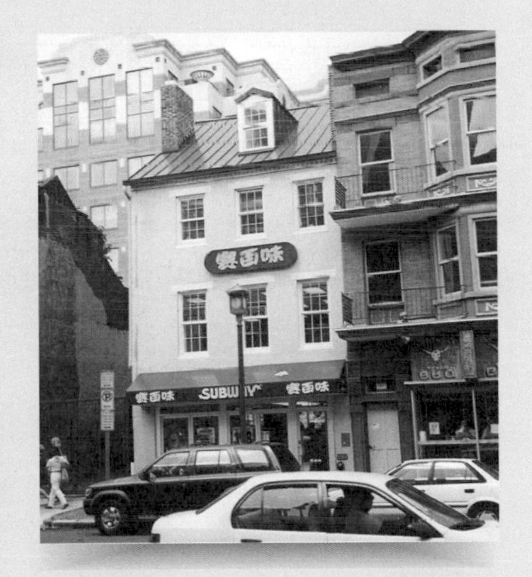

評析這幅廣告，先從命名（naming）說起，命名是廣告創作領域中一項重要作業。廣告創作者經常為企業命名、為商品命名、為廣告活動（campaign）命名。名稱好壞攸關企業興衰和商品成敗，絕對忽略不得。命名注意事項，有所謂「三易」，易讀、易寫、易認。遵循「三易」命名，其名稱必屬上乘之作。
華盛頓中國城有一家叫著「賽百味」（Subway）的商店，它是一家經營飲食的連鎖店，專門銷售三明治等簡單食品，這種商店以「賽百味」這個店名，十分妥切。「賽百味」有勝過百家口味之意，它是從Subway英文名稱音譯而來，而Subway又是家喻戶曉大都市裡最平民化的交通工具──「地鐵」，但此名稱與「地鐵」無關。Sub取自潛水艇（submarine）前三個字母，因為該店所賣的三明治由吐司做成，長長的吐司猶如潛水艇。「地鐵」（subway）也潛在地下，所以這個中英文名稱不但音韻相符，意義也相互關聯。招牌上的字體及配色諧調醒目，在深綠的底色上，用黃色藝術字體。而英文subway，sub用白色，way用黃色，黃色係是一種暖色系，與食品顏色相符，當人們饑腸轆轆，饑渴交迫時，看到黃色包裝的食品，一定會垂涎三尺，食欲大增。
資料來源：作者拍攝

廣告媒體是「時間與空間」所形成的；電波媒體以時間（time），印刷媒體以「空間」（space）作為媒體。凡是具有足夠空間，有傳播效果的壁面，就是最佳的戶外媒體。本圖是華盛頓中國城一處小型停車場的牆壁上，懸掛了巨幅由Whoopi Goldberg所主演的「R」級電影廣告。蔚藍的天空，嫵媚的嬌娃，構成一幅醉人的畫面。
資料來源：作者拍攝

牌樓是我國獨有的戶外招牌，在所有招牌中，以牌樓的規模最龐大，造型最優美，藝術價值最高。
資料來源：作者拍攝

4-4　招牌廣告設計注意事項

◎明顯（visibility）

設計招牌廣告，首要條件是明顯。所謂明顯是指在有效距離內，

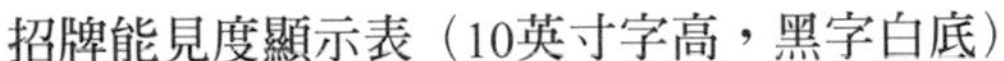
招牌能見度顯示表（10英寸字高，黑字白底）

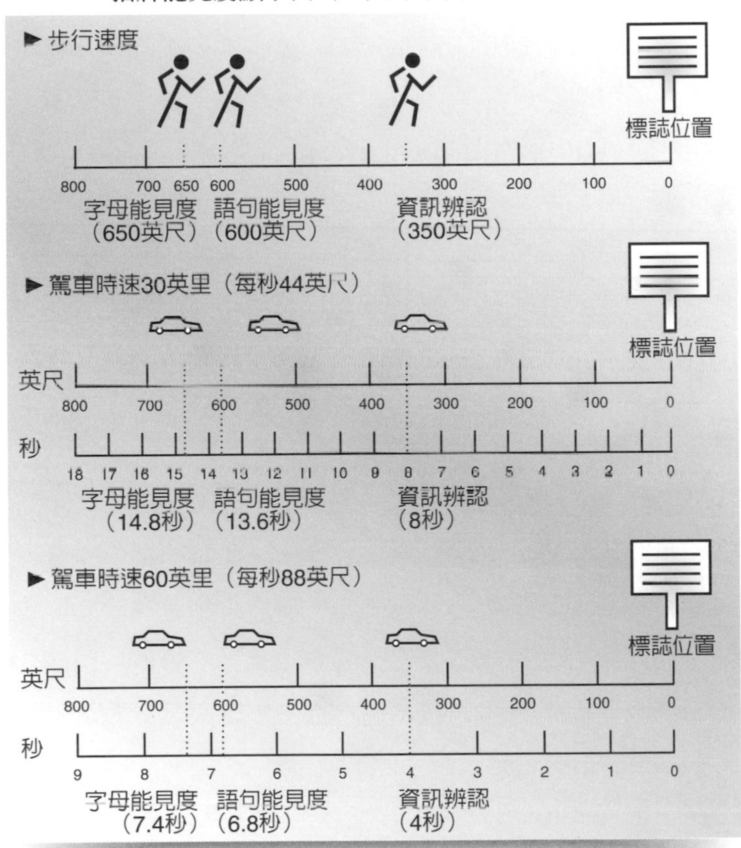

據調查研究顯示，10英寸高的黑色英文字體，在白色的板面上，以步行速度計算，約離招牌650英尺方能看清上面的字母，要能辨認語句，不能遠離600英尺以外，要完全能辨認招牌上的資訊，最多不能超過350英尺外。此項研究係以英文字母為測試之指標，如換為中文時，需酌量調整。

資料來源：W. S. Meyers and R. T. Anderson, 1974

能清楚看見招牌上的文字或圖樣。這和招牌的大小、四周環境以及其擺設的方式有關。例如看板與路人或駕駛者呈90度，爲最理想的擺設方向。招牌顏色最好能與附近環境色調呈明顯對比，如淺色招牌在眾多深色招牌中較爲突出。

◎清晰可讀（readability）

招牌或看板上的文字圖案，應距離分明，間隔適當，簡單易讀，容易辨認。一般廣告主通常傾向在看板上堆集文字，以爲如此可充分利用招牌空間，殊不知此舉適得其反。文字一多，字體相對變小，密密麻麻，滿布招牌板面，不但無法吸引路人注意，在遠距離或快速行進中亦無法看得清楚。

◎突出搶眼（noticeability）

傑出的招牌設計，令人目光爲之一亮。今日市區的看板或招牌，櫛比鱗次，林林總總，爭奇鬥豔，無所不用其極。其中表現平庸的設計非但不能引人注意，甚至誤導或造成反效果。現代是資訊氾濫的時代，對廣告招牌，一般人大都視而不見，除非有意尋找某項所需產品或商店。因此唯有設計傑出的畫面，或有創意的文字說明，方能在眾多競爭者中脫穎而出，獲得青睞。

◎字跡易辨（legibility）

使用不同的字體，可反映產品的特性，如花體細楷，適宜表現與女性有關的產品，如化妝品、衣飾等。反之，粗獷黑體字，則顯示陽剛之氣，適合政治標語或與男性相關的產品。不管使用何種字體，字跡宜清晰易辨。因爲某些字體，適合近讀，如報紙、雜誌等，但不宜遠看，所以設計招牌時應注意字體的選擇。

◎造型獨特（unique）

中國的招牌，在過去大都橫如「匾額」，豎如「對聯」，千篇一律毫無變化。其實一個引人矚目的招牌，不但嚴守明顯、可讀、搶眼、易辨諸原則，更應講究招牌造型，下列幾幅美國招牌造型，值得參考。

這是歐美戶外常見的一種木質招牌，其製作方法係以整塊實心紅木作材料，凹下部分係用強力噴沙（sand blasted），使木頭顯現凹凸不平效果，兩個橢圓形圓圈，則以23K金塗上，其他裝飾圖案係以手工雕琢而成。此種招牌保有古典藝術氣氛，深受歐美人士所鍾愛。

資料來源：*Signs of the Times*, January 1993

資料來源：*Signs Craft Magazine*, September 1992

這個看板是紅木和壓克力的混合體，背景用噴沙法製作，富粗糙感。畫面經人工雕琢塗漆，鍍銅的文字，光亮耀眼，紫色外框，色調高雅。

資料來源：*Signs of the Times*, January 1993

資料來源：*Signs of the Times*, September 1995

4-5 招牌廣告造型設計案例

所謂造型（molding），係指創作物體的型態，或指經過操作而成的物品型態。戶外廣告的視覺傳播所創作的物體型態，就是戶外廣告的造型。

造型是表現的性格（造型映像）和事物的性格（造型技法）的集中體現。某種映像透過視覺傳達，其技法原則，稱之爲造型原理。如將造型以心理的領域研究，稱之爲造型心理。

對思考（thought）而言，因思考對象不同，名稱各異，例如工學的思考、數理的思考、醫學的思考等。至於設計戶外廣告，如何思考造型，即所謂造型思考，實爲從事設計者所津津樂道。

戶外廣告的造型，是指廣告本身以及本身以外，例如廣告外框型態、看板支柱形式等，均爲戶外廣告造型之範疇。

造型思考，是人的意識活動，是爲下列兩種情形而思考的：

爲創造美麗眞實的型態，根據造型諸原理與要素（包括點、線、面、色、材質等），整體構造，表現技術，同時要思考如何創造某種映像，以達成某種內涵和功能。

根據造型原理與要素，對目之所視，手之觸感形體，所作的思考活動。思考造型其對象涉及雕塑、產品設計（product design）、美工設計（graphic design）、室內設計（interior design）、建築設計等，不但有平面的也包括立體的，關係到所有造型活動之思考與發想。在歐洲，造型思考稱之爲Form Making或Form Creation。

下面將最常見的台柱式框架造型、動物表現型、旗幟型、涼亭式以及美國賭城戶外廣告，予以介紹。

美國台柱式框架造型的看板，標新立異，千變萬化，十分美觀，多用作企業集團、醫院、社區、公園、工廠等所在位置之指示，既悅目又能發揮指示之功能，其造型值得效法與推廣。

利用動物模型作招牌表現，也是美國戶外招牌特色之一，由於多用立體，維妙維肖、生動活潑。

在此值得特別推薦的是美國兩大賭城（拉斯維加斯、大西洋城）的戶外廣告。它與美國其他城市的戶外廣告不同，以光色豔麗、獨樹一幟而聞名。

◎台柱式招牌實例

資料來源：KÖMMERLING USA, Inc. Catalog

資料來源：Signature Signs, Inc. Catalog

資料來源：Signature Signs, Inc. Catalog

Erwin廣場。
資料來源：Signature Signs, Inc. Catalog

金融聯合公司。
資料來源：Signature Signs, Inc. Catalog

Morehead紀念醫院。
資料來源：Signature Signs, Inc. Catalog

資料來源：*Sings of the Times*, April 1995

資料來源：*Sign Business*, July 1994

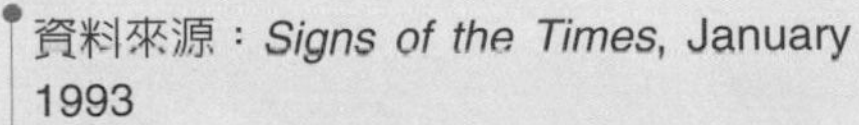
資料來源：*Signs of the Times*, January 1993

資料來源：*Sign Business*, October 1994

此招牌係鋁和壓克力構成的，高16英尺，寬10英尺。它以霓虹螢光射出光芒，尤當夜晚十分亮麗。這個購物中心，因毗鄰Steamtown國家公園而命名。
資料來源：*Signs of the Times*, September 1994

資料來源：*Signs of the Times*, April 1995

資料來源：*Sign Business*, September 1994

這個台柱型招牌，造價超過5000美元以上，全以手工雕琢而成，工藝之巧令人欽佩。
資料來源：*Sign Business*, March 1996

資料來源：*Signs of the Times*, June 1995

此類招牌常見於歐美大型購物中心，牌面係由透光壓克力敷以透光彩色Vinyl製成，設置於購物中心路旁入口處，用作告知路人購物中心各商店店名。此類招牌係由數個不等的間隔板組成，以便更換店名。
資料來源：*Signs of the Times*, September 1994

本路邊立體招牌，以鋁片製成燈箱，字母挑空，後襯壓克力板，夜間發亮時，僅見字形。
資料來源：*Signs of the Times*, September 1994

此路邊招牌係由鋁片製成。上面帆船圖形用霓虹燈管折成船形，凸起的CHANDLER'S壓克力字被鑲在燈箱上，造成日夜均能辨識的雙層效果。
資料來源：*Signs of the Times*, September 1994

這個值得玩味的雙面大型招牌廣告，不但造型獨特，而且色彩搭配賞心悅目。整個招牌以雙塔支撐，MGM以霓虹凸顯出耀眼光芒。
資料來源：*Signs of the Times*, September 1994

這個牛排店的霓虹招牌，是以一般玻璃在鋁片製成的燈箱上，凸顯紅綠兩色。它的Logo被漆在半透明壓克力上。
資料來源：*Sign Business*, July 1995

◎動物表現型招牌實例

資料來源：*Sign Business*, May 2000

資料來源：*Sign Business*, December 1992

資料來源：*Sign Business*, May 2000

資料來源：*Sign Business*, December 1992

資料來源：*Digital Graphics*, December 1999

這個遊樂山莊的招牌，係採自科羅拉多礦石廠淺黃色的石板，被切割成山嶽形狀嵌進牆中。Village Resort是噴印的，RAMS HORN係黃銅電鍍，公羊頭係高密度古銅雕刻而成。當時造價10,000美元。
資料來源：*Signs of the Times*, February 1997

此一雙面的看板，尺寸為4×8英尺。木刻帶有鋁質睫毛的瓢蟲，爬在看板上，栩栩如生。兩旁柱子上方噴成具有粗糙感的螢火蟲圖形，藍底黃字十分醒目。
資料來源：*Signs of the Times*, February 1997

資料來源：*Signs of the Times*, May 1998

資料來源：*Sign Business*, December 1995

資料來源：*Sign Business*, December 1995

這是一處高爾夫球場的招牌，全部以整塊實心紅木為材質，以「噴沙」效果作背景。山貓和英文字係以高緊密「urethane」經由刻字機刻製而成。這個招牌之所以用「山貓」模型來表現，是利用Pohl Cat高爾夫球場的口號「高瞻遠矚闊步向前的山貓」(Stalking the cat.)，把它具體化而構成的。
資料來源：*Signs of the Times*, January 1993

此為一珠寶店招牌，全以手工雕琢，再飾以23K金。
資料來源：*Signs of the Times*, January 1993

資料來源：*Sign Business*, December 1995

◎旗幟型招牌實例

旗幟在招牌應用上，由來已久。華盛頓中國城是華人聚會、節慶宴客的無人不知的最佳地點。在繁華的中國城中心，馬路旁的燈柱上，懸掛了多面「中國城」（CHINA TOWN）字樣的旗幟，為中國城平添藝術風貌。
仰觀燈柱上的路燈，古色古香，紅色燈柱，纏繞多條金屬亮片，華麗莊嚴，國粹精華，盡收眼簾。
資料來源：作者拍攝

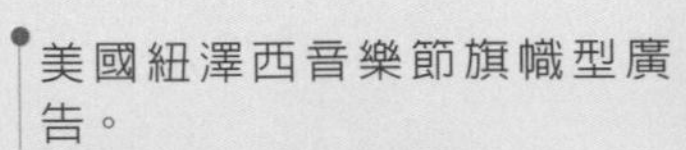
美國紐澤西音樂節旗幟型廣告。
資料來源：作者拍攝

美國大西洋城Sheraton大飯店前旗幟型廣告。
資料來源：作者拍攝

◎涼亭式招牌實例

土耳其涼亭式（Kiosks）的戶外廣告，在歐洲非常風行，但在美國卻極為罕見。本圖係設置於舊金山市的一座Kiosk，它不分晝夜，放出光芒，使廣告商品特別醒目，加深來往行人對商品印象及促使購買的效果。
資料來源：AA雜誌

這個涼亭戶外看板，攝自德國法蘭克福火車站前，這種涼亭式的看板，其優點在於四面八方均能納入視野之內。
資料來源：李浩提供

◎美國拉斯維加斯招牌廣告

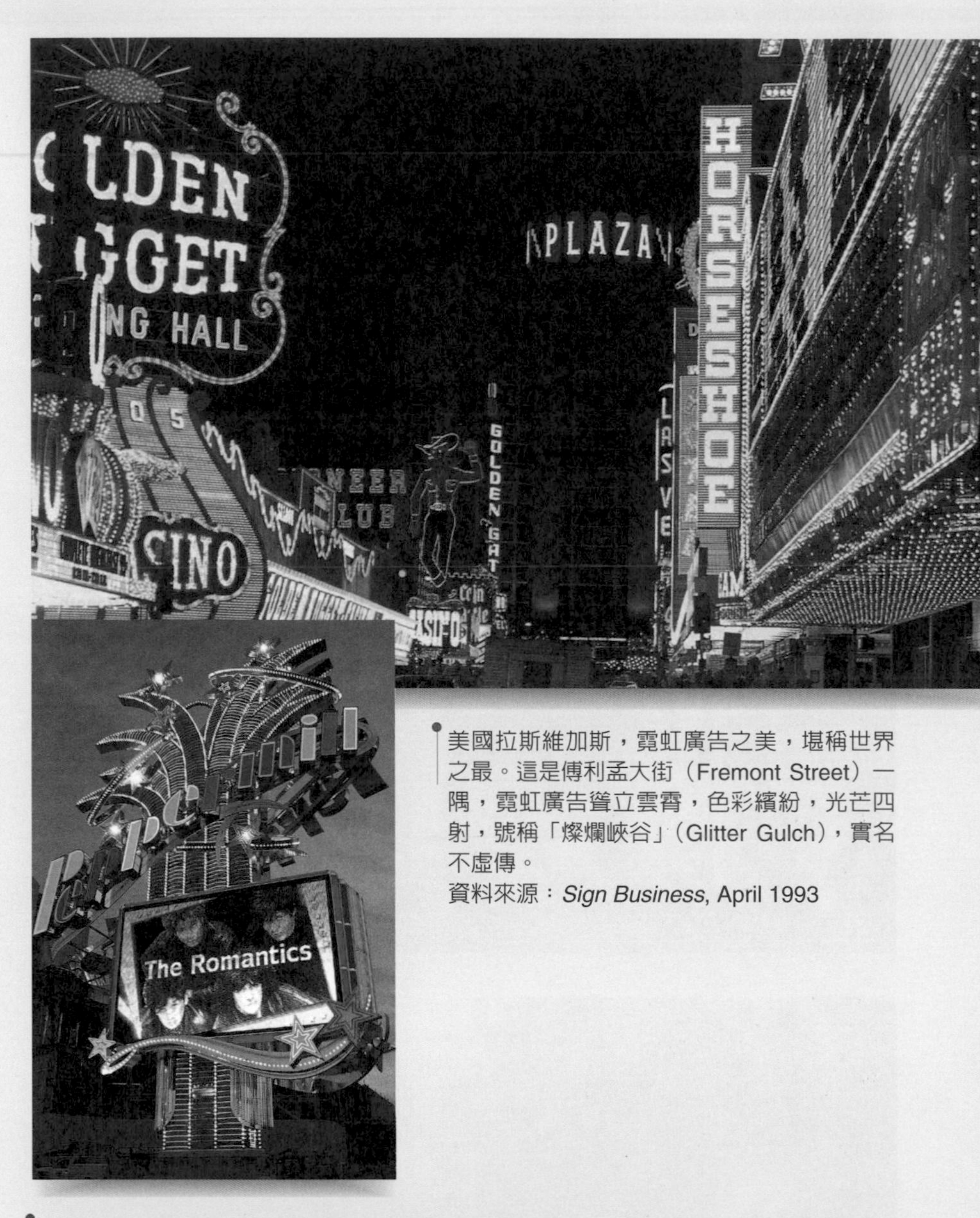

美國拉斯維加斯，霓虹廣告之美，堪稱世界之最。這是傅利孟大街（Fremont Street）一隅，霓虹廣告聳立雲霄，色彩繽紛，光芒四射，號稱「燦爛峽谷」（Glitter Gulch），實名不虛傳。
資料來源：*Sign Business*, April 1993

這是拉斯維加斯賭城一座巨型霓虹與LED結合而成的招牌。此LED具高解晰影像性能，並有不亂射的效果，因而不會干擾駕駛者的視線，以保行車安全。
資料來源：*Sign Business*, April 2000

由YSCO公司承製的「馬戲團小丑」賭博旅館霓虹看板雄姿。
資料來源：*Sign Business*, April 1993

霓虹所在地：美國拉斯維加斯。
資料來源：*Sign Builder Illustrated*, May 1997

霓虹所在地：美國拉斯維加斯。
資料來源：*Sign Builder Illustrated*, May 1997

霓虹所在地：美國拉斯維加斯。
資料來源：*Sign Builder Illustrated*, May 1997

這是拉斯維加斯路旁招牌廣告，來自世界各地的遊客，目睹如此迷人的市招，無不駐足不前，大開眼界。
資料來源：作者拍攝

拉斯維加斯原係沙漠貧瘠之區，自經營賭城後，化貧瘠為富庶，迄今大廈林立，車水馬龍，即使在深夜，依然酒綠燈紅，儼然成為化外之地，廣告招牌，別樹一幟，令人稱奇。
資料來源：作者拍攝

戶外招牌對招徠顧客，發揮直接作用，但造型獨特，色彩繽紛，講究設計技巧者，任何招牌廣告，均無法與拉斯維加斯相比。
資料來源：作者拍攝

賭城拉斯維加斯不但是聲色兼備的娛樂城，更是充滿羅曼蒂克的氣氛，其戶外廣告，風格獨特，美不勝收。
資料來源：作者拍攝

拉斯維加斯賭城，不但戶外廣告風格獨特，城市建築也標新立異。
資料來源：作者拍攝

這個聳立於拉斯維加斯城的大招牌，告訴遊客購物中心的所在，招牌下部是LED構成的電腦看板，不斷變換廣告內容。
資料來源：作者拍攝

◎美國大西洋城招牌廣告

大西洋城（Atlantic City）與拉斯維加斯同為美國著名賭城，一西一東，遙遙相對，研究美國戶外廣告，絕不能厚此薄彼，捨棄任何一處。不過兩大城戶外廣告風格各異，均有特色。
資料來源：作者拍攝

這是大西洋城的一個門面招牌，其建築風格與上圖如出一轍，類似泰國廟宇，氣勢磅礡、令人景仰。不論其風格如何，市招以招徠顧客為首要。
資料來源：作者拍攝

大西洋城招徠的顧客方式，無所不用其極。當作者拍攝這個門面招牌時，適值落日餘暉，加上店面燈光，益顯華麗奪目。
資料來源：作者拍攝

這是大西洋城的泰姬馬哈（Trump Taj Mahal）的門面招牌，以米老鼠、唐老鴨立體造型，招手歡迎顧客。
資料來源：作者拍攝

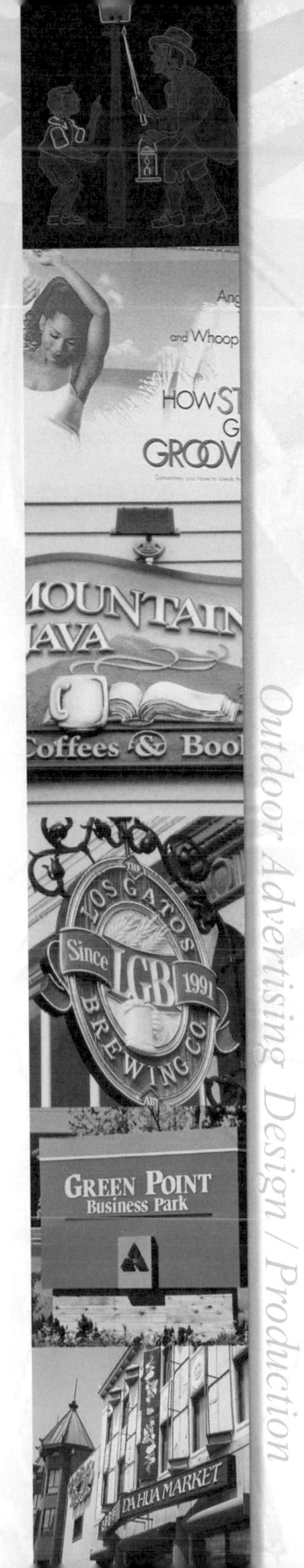

Outdoor Advertising Design / Production

第五章

店面廣告

5-1 店面廣告的新趨勢

在促銷活動中，POP（店面廣告）幾乎成爲一種不可或缺的銷售促進物，也是輔助企業發展的必要工具。因爲即使是最好的商品、最佳的廣告，但在顧客實際與商品接觸的場所中，若沒有好好地陳設與佈置，則商品仍無法銷到顧客的手中。因此，爲了刺激顧客購買商品，在店家設置商品情報時，必須認清「時間」與「空間」的重要性，確實利用店面告知顧客，並且將店面加以妥善地佈置，使顧客能在舒適愉快的氣氛中，產生購買欲望。

歐美各國早在二十世紀初，即利用POP廣告作爲廠商行銷活動的手法，使POP廣告在廠商與消費者的溝通過程中，發揮了很重要的橋樑功能。

歐美各國對POP廣告的觀念現在又有所改變，即已不只是展示卡、價目卡或吊旗之類的東西，它已擴及到注重店面的整體設計，包括商品包裝、管理、服務等，凡是有關顧客購買商品時間及地點的問題，都必須加以考慮。這種POP的觀念已發展成爲一種新的趨勢。

5-2 設計店面廣告應重視五P

設計POP須重視五P：

Pleasure：即消費者看了POP，有很愉快的感覺。

Progress：即POP所展示的商品有新的進步，有新的優點。

Problem：讓消費者購買POP中的產品，明瞭它有什麼好處、有什麼功用，站在消費者的立場來考慮，這樣的POP才能被消費者所接受。

Promise：即POP廣告上的一切文字要「言而有信」。POP廣告上的每一句話，都是事實，而且一定要實現。

Potential：即POP要有潛在推銷能力。例如舉辦銷售活動時，凡要獲得贈品的人，留下姓名、住址，即可獲得。這個姓名與位址的記錄，可以作爲日後分發DM的資料，或追蹤未來的顧客，發揮「潛在的」推銷功能。

5-3 店面廣告企劃原則

店面廣告亦稱「購買時點廣告」（point of purchase ad.，簡稱POP廣告）。購買商品時之時間與地點固多於商店內部，但亦不乏在商店外者，因此可以納入廣義的戶外廣告。

企劃POP廣告，以各種要素相互關聯爲要務，當企劃時，主要原則如下：

◎POP是溝通消費者的交接點

現在面臨消費者和生產者共識的時代，產銷雙方若不能充分溝通，商品就不能順利賣出去，POP廣告不應一味地訴求商品，必須提供一些合乎消費者喜好的訊息。

◎POP廣告需要全能設計者

諸如產品的流通機構、機械、材料、加工方法、平面設計、包裝設計、成本計算等，均應熟稔。

◎不可無中生有

POP廣告創意，並非輕易所能得來，唯有徹底了解商品和銷售方法，才能按照它的必然性，產生創意。

◎準備可用的資料

企劃POP欲求速成，端賴所備資料是否有用。對所搜集的資料，必須分類整理，使它變爲可資活用的資料。

◎新的創意用之不竭

設計POP廣告，日復一日，創意難免重複。因此，對現有創意之聯想、組合以及開發新創意，都是可行之道。

◎再看一次銷售現場

POP一旦完成企劃，必須再度確認放置POP的現場情形。企劃POP廣告對銷售現場環境是否了解，POP所發揮的效果如何，差異甚大。

◎銷售制度比設計更重要

POP設計者應摒棄設計者個人的主觀意識，企劃POP廣告要顧及產品銷售制度、由其制度所產生的必然性，才能產生適合銷售制度的POP型態、顏色、機能。如果只重視設計，即或POP本身設計得如何之好，卻因無法配合店面需要，而告失敗。

◎創意的源泉來自街頭

POP廣告設計者，要養成逛街的習慣，凡看到有創意的POP，就用相機拍下來，商店內外千變萬化的POP，就是創意的泉源。

◎重視店員的意見

現場的銷售人員，對POP常有不同的觀點，因爲他們對實際的銷售最了解。洞察店主、店員的意願，才不會使POP成爲廢物。

◎徹底知曉什麼是必要的

POP廣告，講起來簡單，做起來不易，因它需要很多材料。一旦決定了POP的表現主題，要考慮POP最必要的是什麼，動用過多的材料不一定有效。

◎要想到沒有POP廣告的後果

反過來設想，如果沒有POP廣告，會變成什麼情形、會發生什麼問題？那麼，最低限度的POP又是什麼？

◎認定它是店鋪之一環

POP廣告並非單獨存在的個體，必須將它視爲店鋪通盤計畫的一部分，屬於店鋪的整體系統。而POP設計者，也必須是店鋪系統的設計者。

◎注重設置後的管理

爲了發揮POP的效果，POP設置之後，管理問題十分重要。因此，在POP型態或機能上，要考慮是否易於管理。再者，當使用一定期間後，對廢棄的POP如何處理，也是社會一大問題。

◎常以成本、數量、交件日期為念

POP的成本、數量與交貨日期三者，攸關POP計畫。配合上述三者來企劃，是POP計畫之要務。

◎要把商品放在設計者的面前

企劃POP廣告時，除了把握製作條件，同時要把商品放在眼前。這樣對商品較易了解，POP創意將在一念之間油然而生。

◎致力於製作合理化

一般而言，POP設計者對實際製作能力不強，必須從設計階段致力於合理化，考慮製作時有無問題，唯有適當的素材、合宜的規格、合理的設計報酬，這種POP的設計才是專業的POP設計者。

◎POP外觀儘量單純化

POP廣告固然應當和大眾傳播媒體廣告相配合，但如果顧慮太多，殊難面面俱到，故POP之表面處理，務必樸素簡單。

◎POP分發方法攸關成敗

POP廣告作品本身內容固然重要，也要注意POP的附屬品。例如隨POP分發的說明書、捆包運送分發方法等，如果使用POP說明書生澀難懂、捆包不易，其使用率勢必降低。

◎過分拘泥細部，容易忽略大問題

當設計機能性質的POP時，若過分熱中於POP機能的工程之開發，可能會忽略它在POP廣告整體企劃中所扮演的角色。

◎要與其他媒體配合

單打獨鬥的POP廣告是危險的，POP廣告的任務必須納入綜合廣告策略之中，POP廣告之表現，及其必要的功能，要配合其他媒體。

◎是銷售工具，抑或裝飾工具

POP廣告可分爲商品銷售的工具，以及爲了達成廣告活動（campaign）之目的，作爲店面裝飾之工具兩大類。是銷售工具或是裝飾工具，其功能、素材、成本不同，設計時應認清其目的。

◎決定主題

要想做到十全十美的POP廣告，絕非易事，或有可能，這種POP也易流入焦點不明、表達不清之弊病。決定一則傑出的主題，才是解決問題的開始，主題一旦決定，就能想出POP的創意來。

下面介紹幾例POP廣告，作爲參考。

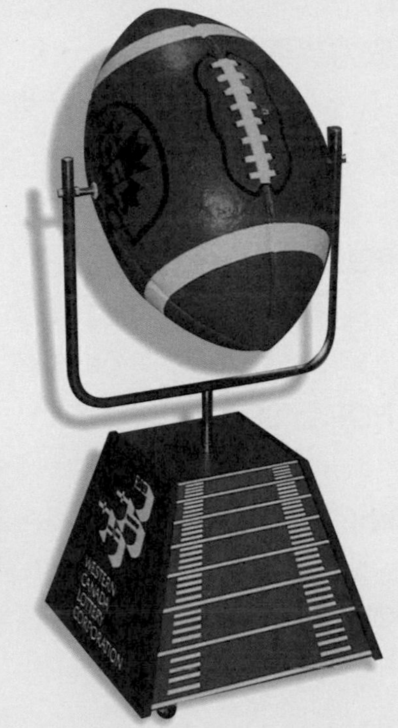

這是西加拿大樂透公司，趁加拿大足球聯盟舉行足球賽時，舉辦推銷活動的票筒（ticket drum）。造型優美，堪稱POP的佳作。
資料來源：*Sign Business*, August 1992

這個POP廣告作品，是用塑膠板經過挖剪而成，畫面是經過數位美工著色。
資料來源：*Sign Business*, January 1998

日本富士公司將推出一種新型的全彩色POP——Plasma Display，是POP Display新科技。

Plasma是以傳統的霓虹燈管充滿各種瓦斯氣體的原理，利用方陣電子控制紅、藍、綠三色，將預存設計好的全彩色影像，顯現在電子螢幕上，此一高科技創造出的POP，不像傳統的海報，必須經過印刷、油墨、紙張等複雜的過程，才能把它裱在框架上。Plasma經由電腦將影像及文字編排預存後，透過網際網路，可將畫面同時傳送到數千家裝有Plasma的零售店面。

Plasma目前尚處在研究發展階段，由於成本昂貴，無法立即普及，但假以時日，待成本及品質改進後，勢必取代傳統印刷的POP。為店面廣告設計，邁向另一新境界。

資料來源：*Signs of the Times*, January 1998

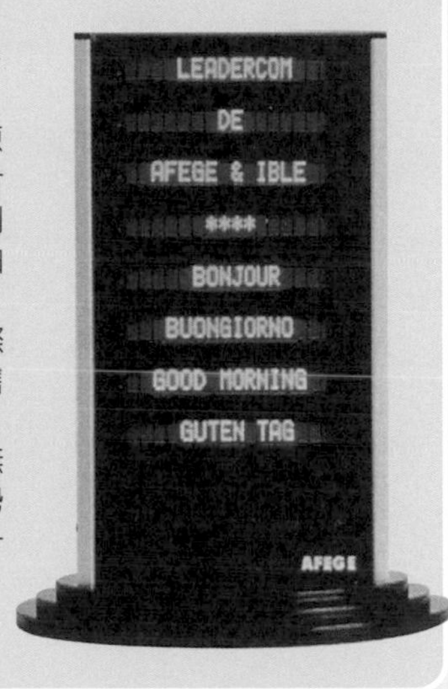

店面展示架，用作張貼海報。
資料來源：*Signs of the Times*, April 1997

從兩只飲食工具，可以看出它是一家食品代理店的店面廣告。
資料來源：*Signs of the Times*, February 1998

店門口的促銷廣告，亦屬POP廣告的一種。
資料來源：作者拍攝

美國商場競爭激烈，折扣戰是各行各業經常採取的促銷策略。折扣率從七五折、五折甚至四折。一般而言，美國的折扣促銷尚稱誠實，應無先加價後折扣的不實情形。折扣（rebate或discount）係正常價格之外的折價銷售。一般多利用折扣券（coupon）憑券折扣，有的不需任何憑證，於一定期間折扣促銷。這些在店門口的促銷廣告，亦係POP廣告。

資料來源：作者拍攝

5-4 美國購物中心的店面裝潢

美國以購物中心（shopping center）經營的型態，相當普遍。所謂購物中心，在建築上經過整體規劃，各種零售店密集一處，進行集體統合的營運，和自然形成的商店街迥然不同。

據美國市場協會（AMA）所言，所謂購物中心是指：「在往返便利的時間範圍內，各種商品無所不備，尤其日常用品一概俱全，足以滿足消費者購買商品之欲望，密集各行各業的零售店，進行買賣活動。」

至於購物中心形成原因，主要因爲社會經濟環境變化，例如都市人口移動、汽車普及（motorization）情形。或消費者購買行爲變化，例如消費者傾向在同一場所一次購買所需要的商品（one stop shopping）、家族一同購物等因素。

再者，爲了挽回舊式公寓夕陽化、停車擁擠或無法取得停車場，加上購物中心以大百貨公司爲核心店鋪（key tenant），還有令人眼花撩亂的娛樂設施，以吸引社區周邊廣大消費群。

在美國，購物中心以其所轄範圍，可分爲三類：(1)近鄰（neighborhood）購物中心；(2)中等規模社區（community）購物中心；(3)最廣商圈之大型（regional）購物中心。

以下十二幅各種零售店門面裝潢畫面，係作者攝自紐澤西州一處購物中心，其裝潢設計，並非均係傑作，但可取長補短，仍有參考價值。

美國大型百貨連鎖公司——SEARS。

美國大型百貨連鎖公司——Macy's。

以平價作號召的鞋店。

GAP服裝店。

太平洋服裝公司。

漫畫書店、新／舊CD店。

龐貝家具公司。

校園電腦維修店。

卡片專賣店。

迪士尼門市部。

女裝店。

服裝店。

店面設計，攸關經營成敗。店面猶如人的面部，其姿態儀表，攸關其內在品格及外在印象。
美國最重視企業形象的迪士尼公司，對店面裝潢設計特別考究。這家迪士尼公司的古銅色拱形正門，以及長如帶狀的門楣，和象徵迪士尼的米老鼠、唐老鴨的雕塑，處處都顯示迪士尼公司的經營理念和廣招顧客的魅力。
資料來源：HI-TECH Catalog

這是美國紐澤西Somerset附近一處購物中心，華納兄弟公司Studio以小型招牌，指示該公司所在。採用該公司一貫使用的米老鼠、唐老鴨立體造型，作為廣告個性動物（character），令人印象深刻。
資料來源：作者拍攝

5-5 美國店面廣告新科技

美國一家叫Data Display System的公司，研發了走在世界尖端的店面廣告。這些已在美國各大購物中心、超級市場扮演吸引顧客、招徠商機的POP，由於它生動有趣，感人心扉，當你設計POP時，作爲啓迪創意、激發靈感的參考，實不可多得的案例。

以下所介紹的POP，依其功能可分為聲、光、互動、標誌、促銷活動等種類，茲簡述如下：

◎聲（voice）

聲音是傳播的利器，具有音響的POP種類繁多，造型各異。由於它能以悅耳的音響、怡神的音樂吸引顧客，故在POP領域裡，有極大的發展空間。

1.逗笑專家（teaser）：以「逗笑」命名的原因，在於它裝有獨特的感覺器（motion-sensor），只要按鈕或觸摸它，就會告訴你具有衝擊力的teaser訊息，令人百聽不厭。

2.傾訴大師（the talker）：它是為了多種目的而設計的，不論按鈕或觸動它，這位傾訴大師都願為你服務。以語言傳達是它的本能，音量高低任君調整，它所有的機件被納入一個堅固的鑄模裡，利用掛板附著於display上。

以其結構繁簡而言，有multi-talker和mini talker等形式，multi talker能以六種語言發音，只要輕輕按下你所需要的語言鈕，就能以你所選擇的語言，向你傾訴你所需要的訊息。

至於結構簡單者，如mini talker，也必須具備發音裝置，體積輕巧，不占空間，是廣被選用的一種逗趣傳播工具。

3.佇立觀客（standee）：利用這位實景大小栩栩如生的「觀客」，作二十四小時全天候的公司代言人，為你的企業仗義執言，令你歡笑。

4.心靈互動儀（interaction talker）：在鑲有九種問題的裱板上，只要按下所要解答的問題，它就會親切地答你所問，而且有兩種語言供你選擇。

5.冷門（cooler door）：當顧客打開這扇小門，這個敏感的開關立即發揮作用，奏出悅耳的樂章。

◎光（light）

眾所周知，沒有任何東西比「光」更有引人「注目」的力量。先進科技能使display發出各種「光效」。不論連續發光或一亮一滅，還可配合「音響」，在漆黑的夜晚奏出美妙的樂章，發揮無比的訴求效果。

1.控光器（light controller）：利用一般電路，發揮控光功能。用一組小燈泡，使光度交互升降，透過微電腦控制，所用電壓不超過1,500瓦特。

2.警燈（police light）：燈高9英寸，呈半圓狀，旋轉的光束除標準紅、藍色外，可指定其他色彩。

3.迷你水銀球（mini bulbs）：帶有白光的水銀球，燦爛奪目，用於各種display上。

4.頻閃燈（strobe light）：光度強烈而閃爍，其靜止（stop-motion）效果，令人注目，小巧輕便，可裝支架。

◎互動（interaction）

在最尖端的POP中，以互動的POP最能發揮互動效果。因為它集聲、色、影像於一體，生動而有趣。它以解答顧客詢問、輔導顧客購買為手段，勸服顧客購買產品。此種型態的POP是用小型電腦採集儲存分析資料，有者還提供節目，介紹商品。此外，應顧客要求，提供音響和影像的資訊。

互動型的POP，並可裝置軟體，記錄顧客反應，以達到促銷產品的目的。

1.產品選擇器（product selector）：它是以液晶體（LED）光束，透過一系列問題，引導顧客選擇滿意的產品。它所儲存的資訊，是由微電腦加以分析，以便顧客選擇產品。

2.印刷選擇器（printer option）：在回答一系列的「生活方式」（life style）問題後，就像一擅調雞尾酒的調酒生——微電腦系統，能為你印出飲料配方。

3.資訊中心（information center）：此一裝置是把長達70分鐘以上的資訊，儲存在單一CD-ROM圓盤上。1996年被奧林匹克十項競賽場所採用，能以五種語言，發出「歡迎光臨」的聲音。

4.電子影像器（video）：展示產品特點的最佳途徑，就是資訊節目（infomercial）。因爲它不像電視廣告，瞬間即逝，可較長時間向你說明產品對你的切身益處。這種CD影像系統，可任由顧客選擇他有興趣的產品錄影帶，從容不迫地去欣賞。這種影像器，擁有「獨特無聲控制」（exclusive mute control）。

◎標誌（signs）

美國Data Display System公司，自從爲波音747設計機艙照明標誌以來，在POP業界，一直站最尖端領導的地位，它們的工程師、設計師以最新的技術，研發出最新穎獨特的標誌，應用在廣大的市場上。

1.磁性動感標誌（polar motion）：此種標誌模擬流動的液體，香檳色的泡沫閃爍燦爛。磁性動感對任何背光的標誌，能增加動感效果。這種富有動感的display，令人看起來，會神魂顛倒。

2.動力標誌旋轉器（impulse sign turner）：獨特的瞬間波動馬達，發動旋轉的輕量標誌，可六個月不停轉動，體積小僅3英寸高，容易安裝，可一再使用。

◎促銷活動（promotion）

談到促銷活動，以往總是離不了抽獎、贈品、折扣等手段。這些一成不變的做法，已嫌陳舊過時。先進的促銷方法，利用現代科技，花樣翻新。利用逗趣工具，百玩不厭，令人折服。

例如促銷活動中，常用一種「面談賭注」（speak stakes）的活動，它是一種能立即顯示輸贏的道具，擁有專利的「掃描頭腦」（scan head），顧客揮動遊戲卡，就可知道是否贏得獎金或有關產品的資訊。

「面談賭注」密碼掃描器，可裝在櫃檯、display或價目表上。至於DM廣告活動方面，有一種電腦軟體能翻譯多種語文，告訴你購買某種產品是否划算。

1.台鐘（desk clock）：台鐘是一種倒數讀秒系統，能捕捉每一預期的剎那，在台鐘上展現出公司的logo。

2.閃光鈕釦（flashing buttons）：它是帶有閃光的釦子，你要的訊息會脫穎而出。可直接安裝在display上，持續閃光達六個月以上。

3.贈券分發裝置（coupon dispenser）：它是一種單獨的display，內存2,000張以上贈券（coupon），內部具有堅固模板自動傳送系統，每次發出一張贈券，以機械爲構成要素，十分有用。

店面廣告的新利器——即時折扣券抽取機（instant coupon machine），是促銷產品的工具。能使顧客在數以千計、品牌雜陳的商品當中，瞬間作出選購你的產品的決定。它使你的商品在不同品牌的同類商品當中獨樹一幟，與競爭商品爭取貨架上的商品占有率。
經過70多個主要品牌多方面測試後，證實設置即時折扣券抽取機的商品，獨占鰲頭，其成功率平均占35%以上。
資料來源：*Advertising Age*

5-6 櫥窗的功能

櫥窗（show window）若以POP的觀點來說明時，它是屬於戶外霓虹、海報看板等同一範疇。當顧客走進零售店時，它具有傳播光譜（communication spectra）AIDMA前半部的功能。所謂AIDMA即注目（attention）、趣味（interest）、欲望（desire）、記憶（memory）、購買行爲（action），一般稱之爲AIDMA法則。因此櫥窗扮演著引起顧客注目和購物興趣，甚至引起購買欲望的角色。所以陳列櫥窗，應按櫥窗→店內櫃檯（counter）→展示器具（show case）的順序，加以統一陳列。尤應顯現櫥窗陳列的目的，換言之，你要櫥窗爲你做什麼，這是首先要澄清的。

櫥窗可分爲用於零售店和專爲廠商作爲店面媒體的兩種型態，後者則以化妝品廠商、照相機廠商等，與零售店締結契約方式較多。以日本而言，資生堂化妝品公司和「花椿」連鎖店，雙方訂定櫥窗契約（window contract），將零售商店面媒體化，此種以櫥窗契約方式與零售店互用櫥窗，成爲資生堂近年來行銷策略極力推動的項目之一。

近來的商店建築傾向於不再特設陳列商品的櫥窗，而是利用全面玻璃，將店內呈現全面開放之形式。

其實櫥窗設計，不應該只是爲了賣商品，而應該是賦予商品一種概念和想像。對大部分的消費者而言，欣賞櫥窗是一種賞心悅目愉快的享受，不必看店員的臉色，也不受店內人擠人的苦，就可藉著絢麗多彩的櫥窗，飽覽世界時尚趨勢。

5-7 櫥窗設計攸關事業成敗

星巴克咖啡不只征服了美國，也在全球不同的城市所向披靡。到底它滿足了消費者什麼需求？最關鍵的因素是因爲星巴克在潛移默化中成爲一種文化現象。

消費者往往想體驗一種與日常生活不同的氛圍，舒適的環境、挑高的天花板、明亮的玻璃窗、輕鬆的爵士樂，這都是星巴克能讓消費者動心的原因。然而另一最重要的因素是，它在店面櫥窗設計方面，星巴克並不願像蓋印章一樣，照原圖複製，而是符合當地的建築特色，對店面和櫥窗設計具有彈性，如此也可減少當地消費者的排斥。由於這些彈性策略，加上原本存在的「體驗行銷」，才使得星巴克能賺進全球消費者的鈔票。

日本消費者酷愛名牌，路易威登（Louis Vuitton）、愛馬仕（Hermés）、普拉達（Prada）等世界名牌陸續在日本開設大型商店，而這些名牌在不景氣的情況下，在日本仍能創下銷售佳績，令市場持續低迷的日本國內廠商羨慕無比。

究其原因，這些名牌之所以在日本出盡風頭，脫穎而出，就是它們按照以往在世界各大商場成功的經驗，特別重視櫥窗設計。

在全球120個國家銷售商品的義大利業者班尼頓公司，於2000年12月在東京表參道設立面積達1,000平方公尺的直營店。路易威登日本公司，也在松屋銀座本店內成立面積約1,200平方公尺的商店。愛馬仕也在2001年春季在東京銀座開店，規模和巴黎總公司相當，共12層大樓。這些名牌行銷全球，其人氣所以能歷久不衰，是因爲它們不固守傳統，對櫥窗設計不時加入最新的流行表現，因此才能獲得消費者一再光顧與好評。

5-8 歐洲櫥窗設計的新趨勢

不同的行業和不同的行銷策略，決定著櫥窗設計理念和目的的不同，其中尤以講究形象的精品名牌，對傳達品牌形象的創意格外重視。據《世界週刊》一篇報導歐洲櫥窗設計新趨勢的文章中，有下邊這段陳述，值得參考。

以義大利古馳（Gucci）的櫥窗設計爲例，平均一個月店內的櫥窗就得更換一次，而陳列的主題，是由義大利總公司直接管理，透過全球每個城市的Gucci櫥窗，強力同步傳播，效果相當可觀。

因爲品牌精神不同，所要表達的意念各異，櫥窗創意經常會流露出其特有的創意語彙。Gucci的櫥窗多以性感訴求凸顯商品特性，只以聚光燈直接投射在商品上，完全不用散光光源，這種表現手法，也是目前時尚很「酷」的櫥窗設計風格之一。

1999年春夏之交，Gucci的櫥窗裡什麼都沒擺放，簡單明瞭，只是一字排開的九個賈姬包，大大地帶動了賈姬包的流行熱度，櫥窗創意吸引人的魅力可見一斑。賈姬包明顯退燒後，2001年春季，Gucci新推出的是一板一眼的方塊包（boxy bag），用來搭配它的軍裝風貌的時裝，相信以Gucci善於創新的櫥窗設計，必能創造新的流行風潮。

義大利米蘭一家最大百貨公司RI-NASCENTE，店內的主力商品並非昂貴的名牌，而是義大利製造的平價商品，但深具流行品味，喜歡趕時髦又不願花大錢的人，最適合來這裡尋寶。值得注意的是，這家百貨公司的櫥窗總是十分精彩，不到三兩個月，就更換一次新的櫥窗設計，每次的設計都令人驚豔。

當你漫步紐約第五大道，一個閃亮耀眼的第凡內（Tiffany）珠寶櫥窗，一定不會放過，Tiffany的櫥窗在於打破珠寶飾品的傳統意念，只讓人感受到珠寶的華麗與時髦。

櫥窗設計有時因外界環境而變換設計意圖，當美國遭受全球石油危機時，Tiffany就突發奇想的以石油嚴重短缺爲話題，作爲那一季珠寶櫥窗的設計創意。

再以義大利高級寢具品牌FRETTE爲例，它特別重視櫥窗表現，認爲一個傑出的櫥窗設計，對強化消費者對品牌的認同有絕對的影響力。FRETTE寢具櫥窗不論是在米蘭或紐約麥迪遜大道，都是國際知名的櫥窗設計傑作。有一次，櫥窗設計師突發奇想，把櫥窗裡的寢具豎起來陳列，結果吸引無數的來往路人，駐足圍觀，發揮了極大的認同品牌的作用。

從欣賞創作的角度而言，國際上重視櫥窗、捨得在櫥窗設計上投資的品牌不勝枚舉，例如Chanel、Gianni Versace等，多以純樸簡潔的陳列方式，清晰地傳達了該一品牌當季流行的主題；Gucci於2000年春季，以一條大蟒蛇來呼應蛇皮產品的流行。路易威登在巴黎香榭大道旗艦店，則以普普藝術爲體裁，作爲千禧年春夏兩季的櫥窗創意。它結合時尚和藝術，成功地傳達了商品風格和訊息，以及美感經驗的交流。路易威登自1978年在日本東京銀座開設分店後，其業績不斷成長，2000年已高達1,003億日元，占全球總業績的三分之一。其櫥窗設計尤爲突出，凡路過該店的年輕女性，無不嘖嘖稱奇，投下讚美的目光。

千禧年春夏兩季，時尚界重新掀起動物皮草熱，米蘭精品區Moschino的櫥窗，卻空無任何一件熱門皮草，只見一排張著大嘴吃掉半個人身的鱷魚道具獨領風騷。令人莞爾之餘，不禁爲繁囂城市裡那扇具有生動創意的櫥窗，停下匆匆的腳步，歎爲觀止。

法國巴黎是世界精品櫥窗的象徵，愛馬仕精品位於繁華地段的八個面街的櫥窗，成爲法國時尚藝術的窗口。每年在愛馬仕品牌所設定的主題下，隨著季節的更迭，新穎別致的櫥窗畫面，不但吸引了數以萬計的來往遊客，也是櫥窗業界嚮往觀摩的目標。

櫥窗不是商品目錄，不要把所要賣的商品種類、型態、色彩，赤裸裸地完全暴露無遺，而只是表達一種想法，就像愛馬仕每年堅持一個主題，透過具體的主題，比如音樂、太陽、道路和跨入新世紀的夢想，賦予每一季的櫥窗設計一種人文的情感。絲巾、皮包、香水和任何一件標上愛馬仕品牌的精品，似乎都不再只是銷售上的數字成就，而是融入個人生活的體驗。

櫥窗設計，要把天馬行空的想像付諸實施，有一年愛馬仕年度主題爲「太陽」，設計師決定以農莊來表達自然恬適，爲了讓人嗅出自然鄉野的氣息，找來法國農莊最常見的青苔、落葉、枯枝、野菇，佈置純粹鄉土風味的一座叢林，以表達那種潮濕陰森的氣氛。

愛馬仕另一個春季商品主題，是爲了表達現代年輕人騎著摩托車遠離城市來到沙漠。爲了逼眞，竟從撒哈拉大沙漠運來足足三噸重的沙玫瑰和皮革製作的摩托車、皮褸、安全帽，構成一幅沙漠奇觀的櫥窗。

當跨越第二個千禧年，邁入二十一世紀，愛馬仕在櫥窗裡堆滿了各種形狀、大小不一和色彩奪目的凱莉包（Kelly bag），以及一隻皮革製成的小木馬，它要告訴來往過客的是：童年的記憶和成人世界的夢想。

愛馬仕公司爲世界聞名的精品企業，其產品堅持以人爲本，尊重傳統手藝的精神，以著名的凱莉包爲例，其設計概念可追溯一百五十年前一種放置馬鞍的皮包，發展成爲手提包及旅行袋系列。

5-9　創造具有中國風格的櫥窗

雖然藝術創作表現「守舊無功」，重視創新，但仍然要保有自己民族文化的特色與尊嚴，櫥窗設計亦應顧及歷史傳統和國人之消費心理。

其實在中國早年的日常生活中，有許多被忽略的裝飾造型和民間圖像，都有其生生不息、流傳萬世的價值和哲理存在，這些民俗藝品若以今日之視覺美學和空間設計的觀點，可以從中找到一些櫥窗設計體裁和符合國人的創意。

中國繪畫藝術的構成重視有理的安排，和空間移動視點的虛實相。故人生與藝術是相互調適，作有序的貫連。以此美學觀點作爲學理依據，再配合現代三度空間造型觀念，從繁瑣的現代生活節奏下，找出獨特的格局，重新佈置空間結構，是極有趣的事情。在今天廣告氾濫的時代，如何突破陳腐框框，求新求變，是櫥窗設計專家們責無旁貸的重任。

一般而言，我國的櫥窗設計，包括航空公司、百貨公司、書店、餐館、藝品店等，只要是強調中國風味的，必定是和中國藝術有關，千篇一律，令人感到乏味而生厭。因此，櫥窗設計師本身的素養、膽識和社會責任，會左右整個櫥窗的風格和外觀。

邁入二十一世紀的中國櫥窗設計，絕不應停留在窠臼裡，因此，如何揚棄傳統束縛，跳出陳腐軌跡，以客觀的立場，重新審視我國文物背景，抽取新元素，植入現代腦海，應用現代科技，注入中國精神，創造新穎的櫥窗格局，才是提升我國櫥窗設計的動力。

下面介紹幾幅台北和歐美的櫥窗，請比較在風格上兩者有何不同。

台北市忠孝東路一家鐘錶店櫥窗佈置，以背景藝術取勝。
資料來源：作者拍攝

這幅櫥窗的畫面，拍自台北市一家百貨公司，當時適逢中國新年，櫥窗內懸掛一幅紅底金邊、充滿喜氣的大紅布條，上有「恭賀新禧」字樣。櫥窗玻璃上有「特賣」（sale）英文字。整體看來，這個櫥窗設計係以新年季節為主軸，對中國人特別重視過年氣氛而言，確能達到櫥窗的廣告效果。
資料來源：作者拍攝

這個櫥窗是在台北市敦化北路一家服飾店拍的。時值深秋，以「秋裝全面七折」作號召。作者所以介紹這個櫥窗，原因有二：一為色調配合恰當，在以大紅色為背景的前面，展示出一襲灰白色的秋裝，使這套秋裝格外顯眼而突出。另一為環繞櫥窗的小擺飾，統一為金黃色，不論球形的或三角形的，均以耀眼的金屬製成。
資料來源：作者拍攝

這個拍自歐洲的櫥窗畫面，高露潔（Colgate）牙膏、牙刷和坎貝爾雞湯（Campbell）罐頭，都是以真實物體呈現在路人面前。衆所周知這兩種商品都是美國產品，卻行銷世界，並在歐洲大做櫥窗廣告。
坎貝爾罐頭食品種類繁多，其中以雞湯罐頭著名。因為食用方便，在忙碌的工商社會裡，時間有限，能在極短時間内清水變雞湯，唯有坎貝爾雞湯罐頭才能勝任。
高露潔牙膏不但在美國牙膏市場獨占鰲頭，即在亞洲也領先群雄，相信它在歐洲由於強大廣告力量，也能獲得大多數消費者的青睞。
資料來源：李浩提供

這是美國紐澤西一家鞋店的櫥窗，兼售女用皮包，主要以女鞋為主。櫥窗內以紅色裱板作陪襯，上有特價廉售（sale）字樣，十分醒目。
資料來源：作者拍攝

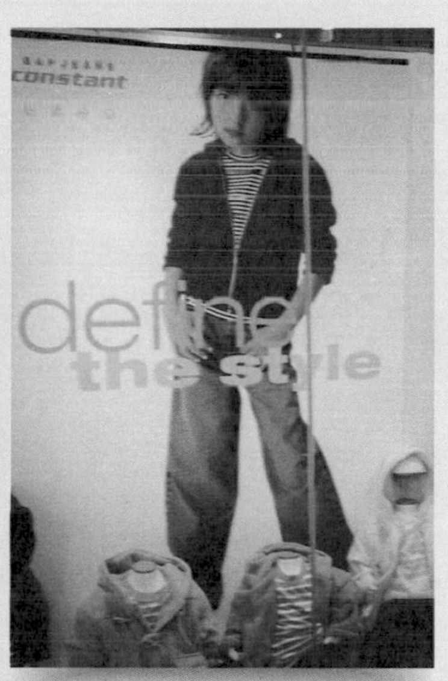

這兩幅櫥窗廣告，攝自美國紐澤西Somerset附近一處購物商場，它是美國一家著名童裝GAP牌專賣店的櫥窗。
櫥窗裡女童的海報主要推廣斜紋布兒童褲，強調結實耐穿，各色童裝上衣式樣新穎。
左邊是GAP專賣店正門，幾件附有帽子的童裝拼成一個大圓形，宛如一隻大烏龜。
資料來源：作者拍攝

這兩幅櫥窗畫面，攝自夏威夷一家仕女用品專門店。Christian Dior口紅全色海報，懸掛櫥窗中央。女模以紅帽掩目，姿態嬌媚，十分撩人。這種店內櫥窗，以陳列真實的商品為主，以便顧客選購。
資料來源：作者拍攝

這兩幅攝自美國大西洋城的櫥窗廣告，沒有商品影像和品牌名稱，只有俏麗的女模倩影和「品牌你知道」(Brands You Know.) 字樣。這種沒有商品沒有品牌的廣告，屬於印象廣告 (image advertising)。以女模作為商品代言人，只要看到這位家喻戶曉的女模，就知是什麼商品、什麼品牌，做這種廣告的風險，在於廣告暴露頻率少，看廣告的人莫名其妙，達不到廣告預期效果。
資料來源：作者拍攝

大西洋城櫥窗海報。
資料來源：作者拍攝

童裝專賣店櫥窗。
資料來源：作者拍攝

女性用品專賣店櫥窗。
資料來源：作者拍攝

5-10 海報傳播的重要性

海報（poster）原係在一定期間，貼於路旁、路旁建築壁面以及特設的廣告欄、廣告塔等處的印刷媒體。它在美工設計（graphic design）領域裡，占有極重要的角色。

十八世紀後半葉，由於石版印刷之發展，以及多彩的繪畫技術，以法國爲中心海報盛極一時。近年來由於照相技術、印刷技術之提升，對POP、車廂廣告、戶外看板等利用度益見頻繁，海報的媒體價值大幅攀高。

從海報使用目的觀之，可分爲觀光海報、公益海報、商業海報等，在歐美更多用於政治宣傳方面。海報常爲年輕人爭相收藏，並作爲室內裝飾品（accessory）。

總而言之，海報是以輕鬆、健朗以及趣味性，來促使觀看者喜愛，進而接納它所訴求的內容。這種以無言的表現替代有言的宣傳，在功能上、時間上和人力上，往往有超出預期的效果。近百年來，海報除了在商業方面受到重視外，在各國處於非常時期，對國民精神總動員、提高鬥志等方面，都發揮了極大的作用。

鑲框式海報。
資料來源：MDI Display Catalog

法國珠寶公司海報。
資料來源：李浩提供

法蘭克福地鐵入口女裝海報。
資料來源：李浩提供

法國地鐵牆角海報。
資料來源：李浩提供

美國迪士尼年度大手筆卡通影片——《花木蘭》海報。
資料來源：作者拍攝

地上框架式海報架。
資料來源：MDI Display Catalog

地上框架式海報架
資料來源：MDI Display Catalog

LOS GATOS
Since
LGB
1991
BREWING CO.
GREEN POINT
Business Park
DA HUA MARKET
Outdoor Advertising Design / Production

第六章

交通廣告

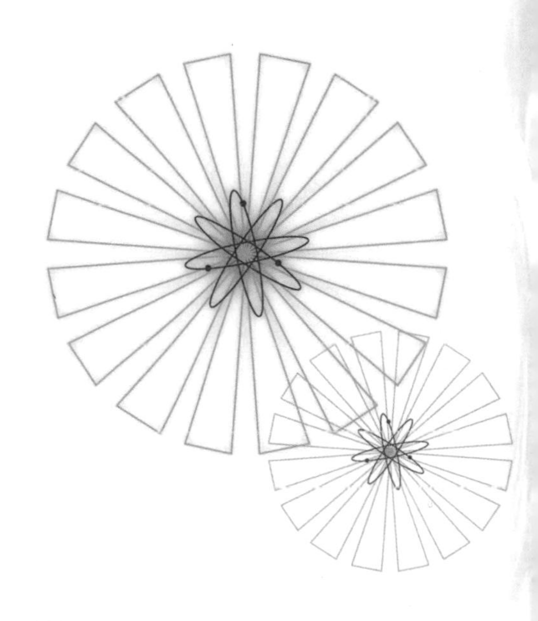

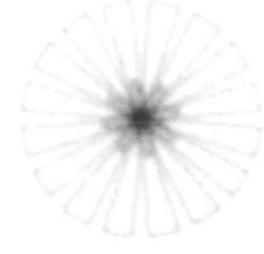

6-1 何謂交通廣告

交通廣告（transportation advertising）係指在鐵路、地鐵、電車、公共汽車、聯絡船、火車、飛機上，或由交通機構管理的車輛內外以及交通驛站上所做的廣告。此外，尚包括利用建築物體設置廣告，皆屬交通廣告。歐美各國交通廣告極爲普遍，美國就有交通廣告協會（Transit Advertising Association）專業性組織，負責交通廣告的推廣工作。

6-2 交通廣告的特性

第一，近年來我國各大城市人口迅速增加，因此，交通廣告已成爲重要媒體之一。

第二，交通廣告除被視爲重要媒體外，更延伸了POP廣告的功能。對以購物或娛樂爲目的的乘客而言，藉交通廣告可獲得豐富多彩的商品資訊。

第三，交通廣告之運用極富彈性，既可動用全國交通工具，亦可選定某一地區之個別路線，甚或一個車站。順應廣告主之企業規模、廣告目的、廣告預算，其實施範圍可大可小。

第四，交通廣告規格較易統一。一般而言，戶外廣告之弱點，即無法統一規格。但交通廣告經某種程度之調整，克服障礙，可將全國的交通廣告，大致上予以固定規格化，例如利用一定規格的海報作爲交通廣告。

第五，利用海報作爲交通廣告時，與其他媒體相比，色彩效果優越。

第六，廣告訊息的反覆訴求。交通工具的利用者，多係固定人士，例如搭公車上班的乘客，每天來往乘坐同條路線的公車，能達到反覆訴求的廣告效果。據美國交通廣告協會（T.A.A.）在加州巴士公司所做的長期研究，發現乘坐該巴士的男女性乘客，平均一個月內看過同一交通廣告，分別爲43次和34次之多。

第七，主動接受廣告訊息。乘坐公車的人，通常有些無聊，乘客心裡一片空白，最易對車中廣告產生注意，進而主動閱讀該廣告，而接受廣告訊息。

第八，廣告訊息的長期展示。與其他媒體比較，乘客有較長時間牢記廣告內容，與一看就拋的報紙、一閃而過的電視廣告相比，交通廣告有長期展示的優點。

第九，廣告費用較低。交通廣告與其他媒體廣告相比，費用較低，對小廠商而言，實在是最經濟的廣告媒體，利用高科技的印刷技術，豔麗的彩色，可提高情緒訴求的效果。

6-3 美日兩國的交通廣告

探討交通廣告，應放寬視野，以交通廣告先進國家作爲研討之依據，藉以了解交通廣告之來龍去脈。

◎日本的交通廣告

日本於1900年最先實施馬車鐵道（即後來的東京市電），以及大阪鐵道之車內廣告、車站廣告。其後自1908年到1912年開始實施了京濱電鐵車內廣告、車站廣告。國家鐵道則實施框額廣告（亦稱「畫框廣告」）、車站廣告、器皿廣告（亦稱「器物廣告」）等等。後來又繼續實施私人鐵道、公共汽車、地鐵等各種場所與不同型態的廣告，此一期間曾一度中止國鐵廣告。直至1930年，日本之交通廣告始具現代之面貌。二次大戰期間，由於管制物資不鼓勵消費，日本之交通廣告曾停滯一時，戰後隨經濟之高度成長，其戶外廣告如雨後春筍，蓬勃發展。

日本之交通廣告分類較細，如車內中吊廣告、框額、車站海報、車站看板、站名標示板、站內燈柱、站內座椅、站內垃圾桶、站內升降台、車內時鐘、車票內頁等處之廣告，不勝枚舉。

◎美國的交通廣告

美國交通廣告的分類較易概括，分別說明如下：

1.車用看板（car cards）或稱車廂內廣告：被裝置於公共汽車或火車的車廂內，其規格有11×14英寸、11×42英寸、11×56英寸及11×84英寸。但最常用的爲11×28英寸。

還有一種固定在駕駛員背後的告示牌，或在右上方車前壁的廣告，其規格通常爲45×24公分。這種廣告由於其位置可保持相當的獨占性，且位於全車乘客面前，最易引起乘車者的注意，故廣告效果較佳。

這是利用3M單向聚乙烯貼紙，貼滿整個車廂，屬於皇帝型大規格車廂外廣告。一家當地調頻（FM）電台，向市區大衆宣傳該台悅耳的爵士樂節目廣告。
樂隊演奏的畫面栩栩如生，隨車體搖盪，益感生動，如有爵士樂播放，猶如置身現場，叩人心扉。
資料來源：*Sign Builder Illustrated*, November/December 1996

2.車廂外廣告：置於公車車體兩側，分皇帝型（king size）30×144英寸，皇后型（queen size）21×88英寸，一般而言，以皇帝型規格效果較佳。

3.車頂廣告：連車頂都有廣告的「全車身」廣告，適合在高樓林立的城市，讓住於高樓的人也能看到廣告。當然這種廣告內容尤重簡短，文字要大，方能發揮廣告效果。

4.鐘塔（clock spectaculars）：廣告物構成為一大鐘型，後方以光線照明，通常置於載客運輸工具之出發站，以便旅客對時。

5.前端展示牌（front end displays）：置於公共汽車車內前端，面積約21×44英寸。

6.一全張廣告（one-sheet）：常見之於火車站台，約為46×30英寸。

7.二全張廣告（two-sheets）：其設置地點與一全張廣告相同，但面積大一倍。

8.後端展示牌（rear end displays）：置於公共汽車後端，通常面積為21×72英寸。

9.計程車展示廣告（taxi cab displays）：其規格及類型形形色色，不能一概而論。大多數交通廣告皆按敷面大小出售，在整個特定交通系統中，都有海報展示於不同的運輸工具上或車站的月台上。車廂內看板之購買，以全部敷面（full showing）、半數敷面（half showing）及四分之一敷面（quarter showing）為基準。全部敷面係指一車隊中每一車輛都安置一個廣告，半數敷面則在車隊之半數車輛中各展示一個廣告，四分之一敷面則車隊之每四輛車中有一輛展示一個廣告。

10.車站廣告（station posters）：這是在公共汽車候車亭、站牌、月台或地道等處，懸掛於站內牆壁或立於其他適當場所的廣告，其規格在美國分為單面廣告46×30英寸、雙面廣告46×60英寸、三面廣告88×42英寸及六面廣告66英寸×12英尺。

11.商品宣傳車（merchandising bus）：這是由廣告主包租公共交通運輸工具，或利用自家的送貨工具，於車身掛著廣告招牌，或漆上公司商品名稱，再利用擴音設備，沿路一面廣告，一面推銷商品，一面鋪貨。可以視爲道地的宣傳車。

12.自取傳單廣告（take bill）：這種廣告在美國十分盛行，它是車廂內廣告與商品傳單綜合使用的廣告，因無適當中文名稱，姑且稱爲「自取傳單廣告」。通常是將商品傳單置於小型袋中，懸掛於車廂內，乘客若對該商品有興趣，可自動取走這種傳單。這種傳單附有coupon，乘客塡妥姓名、住址後，免郵資寄回廣告主，可獲取商品更進一步資料或贈品。由於這種廣告節省分發商品傳單的人力，由有興趣的消費者自動拿取傳單，廣告效果極爲顯著。不過此種廣告必須令乘客方便索取，且認爲寄回它頗有價值，通常多提供抽獎作爲誘因。

13.月票廣告：是利用公共汽車或火車月票背面所做的小型廣告，近年來不僅美國，台灣也頗爲流行。

下面介紹幾幅車廂廣告，在廣告取材上，有的以動植物作畫面表現，有的以印刷技術創新爲著眼，有的以順應季節變化活用車廂廣告，有的在製作上具有創意，不論何者，均有參考價值。

全彩色車廂廣告已成為美國戶外廣告主流，不論果實蔬菜或風景畫面，色彩豔麗，十分逼真。
資料來源：*Digital Graphics*, January/February 1998

戶外廣告在印刷方面的又一大革新是利用電腦數位印刷（digital printing）技術，可將四色圖片直接噴印在卡車車廂，免去利用聚乙烯等張貼的麻煩，色彩依然豔麗無比，噴印在卡車上，儼然成為活潑生動的戶外招牌廣告，左邊兩則車廂廣告畫面，就是電腦數位噴印的實例。
資料來源：*Sign Business*, December 1995

這是經由電腦數位噴印的全彩色效果。把經過設計的彩色照片，呈現在整個車尾，猶如實際景物，生動逼真。
資料來源：*Sign Business*, December 1995

這是美國3M美工印象（3M Image Graphics）廣告。一隻大鞋踏在車輪上，猶如真正鞋子，不但色彩逼真，其立體感與真鞋無異。這幅車廂廣告強調3M蘇格蘭印刷的美工（3M Scotchprint Graphics）神奇效果。
3M對戶外廣告業以生產塑膠布條（banners）用聚乙烯（vinyl）材料著稱，由於品質及色彩較其他品牌為佳，售價亦昂。
資料來源：*Signs of the Times*, December 1996

全彩色車廂廣告已成為美國戶外廣告的主流。不論以風景或果實蔬菜作為畫面，色彩豔麗，栩栩如生。
資料來源：*Digital Graphics*, January 1998

每當夏季芝加哥棒球賽舉行期間，SNAPPER剪草機的廣告車就開到球場，以招徠觀看球賽的觀衆。俟冬天籃球比賽季節時，再換上除雪機的廣告。這種善用季節變化、活用車廂廣告媒體的做法，值得效法。
資料來源：*The Big Picture*

生動的車廂廣告設計馳騁於公路上，可引起無數人的目光。本圖為美國一家招牌連鎖公司——FAST SIGNS的車廂廣告，車廂側面和車尾後門如真人正在粉刷油漆。尤其車尾後門恰似真人自玻璃窗伸出手來粉刷車身，其巧妙之處，令人莞爾。
資料來源：*Signs of the Times*, December 1997

6-4 美國卡車廣告的演進

卡車或拖車車廂噴字或圖案，在美國已司空見慣，按美國政府規定：凡是在公路上行駛的拖車或卡車，必須註明所屬機構。因此車身車頭，至少要有隸屬的機構名稱或商標圖案，以表明其所屬單位。甚至有些公司將其產品或服務項目、商業標語（slogan）漆在車身上，成爲醒目的流動廣告。

以往由於科技及材料的限制，車廂廣告無法自由發揮，所以二十世紀七〇年代以前，均採用油漆噴寫方式，這種方式速度慢、過程繁雜，圖案文字更換不易。但到了七〇年代後期，3M推出Scotchcal聚乙烯彩色貼紙，以手工切割成各式圖案及字型，黏貼於車身，取代了油漆塗寫。

及至八〇年代中期，Gerber Scientific Products推出世界第一台以電腦切割聚乙烯材料的切割機，對美國戶外招牌及大型車廂車隊廣告（fleet advertising），掀起了革命性的改變。至此，戶外廣告界開始意識到卡車車廂廣告是一個龐大的業務，再據3M廣告部門研究數字顯示，卡車車廂廣告蘊藏著無限潛力，更爲戶外廣告業帶來堅定不移的推廣信心。到了九〇年代初期，車廂廣告技術再一次起了革命性的變化，由於大型數位靜電噴刷技術（large-format digital electrostatic printing）的問世，使得車廂廣告不再局限於單色的圖案文字，即或全彩色圖案，經由電腦軟體操作及編排後，即可複製或創作出嶄新而動人的車廂廣告。爲了配合此一新式噴印技術，3M立即推出相應的噴印材料，可長期適應戶外各種氣候與環境。如今車隊車廂廣告，儼然成爲幾十億美金的大生意，然而這並非曙光乍現，有待開發的處女地，一望無垠，前景看好。

車隊車廂廣告的經營運作，其實與其他媒體的營運方式無太大差別，只是車隊車廂廣告更能瞄準訴求對象，適於短期急於周知的產品，因爲車廂廣告較具機動性。

車隊車廂廣告的花費效用，遠比戶外大型招牌便宜得多，一項調查資料顯示，一個30英尺長的戶外看板，平均每月可加深50萬人的品牌印象，而車隊車廂廣告則可高達78萬人，但其花費僅爲傳統戶外看板的66％。

傳統招牌廣告的效果（注目率，attention），是以車輛經過次數爲標準，而車隊車廂廣告則以衛星定位系統（satellite positioning system）追蹤卡車行經地點來決定其廣告暴露次數，這種測量方法較尼爾森（Nielson）調查結果更爲精確。因此，向全國銷售的產品廠商，想要推出新產品時，租用自紐約至舊金山市80號公路的州際拖車做車廂廣告，很明顯是上乘之選。

路線選擇顯然是車隊車廂廣告主的首要考慮，因爲廣告主必須確定其所廣告的產品，能引起所經路線市鎮民眾的最大興趣。因此，沿線市鎮居民的背景資料、消費習慣，成爲廣告主重要的參考資料。相對地，車廂廣告亦可針對短期大型聚會，例如足球賽、露天跳蚤市場、商品展覽、花卉展等活動，以及各種秀（show）如電腦秀、汽車秀、服裝秀等場合，製作適應時令的產品廣告。

以往一般人認為車廂廣告是長期的廣告媒體，因為它製作不易，不容輕易更換文字或畫面，然而隨著新科技的發展，車廂上的美術工藝（graphics），可以不再使用聚乙烯（vinyl）拼圖張貼，而可直接噴印在特製的感應材料上，此種材料防水防曬，略具張力，使用特殊鋏子整片包在車廂側面，又挺又亮麗，並可抵擋高速行駛的風力，不至脫落或破裂。而其最大的特點是製作及裝置快速簡單，以往用聚乙烯張貼必須先清洗車廂表面，洗得一塵不染，如已張貼過聚乙烯，必須用藥水徹底剝除清洗，才能張貼新的聚乙烯，而且從切割聚乙烯到張貼費時費力，現在用電腦將圖文噴印在此種特製的材料上，此種新技術，可將整個製作過程縮短至數小時，使更換畫面的週期，從以往平均五年一換，至現在約三個月一換，甚至更短。

美國已有多家公司專門從事承攬卡車車廂廣告的業務，這些廣告公司擁有各車隊行經路線及其沿線大小城鎮的人口結構資料，以這些資料作為決定廣告畫面表現的重要指標和廣告費高低的依據。

一般而言，卡車車隊分為公司自屬，如超市的專屬卡車，和商業租賃兩種，公司自屬的車廂通常已噴印了自家產品及服務項目，但在卡車賦閒時，仍可披上他家的廣告以收取廣告費。商業租賃車廂則為一片空白，可任意披上廣告主的廣告外衣，租給各大廠商，廣告費較一般公路大型看板便宜，租賃雙方互得其利。

下面介紹幾幅具有代表性的美國卡車車廂廣告，例如利用具有張力的噴印材料，嵌在車身側面的車隊車廂廣告，以及旅館運送顧客行李的卡車車廂廣告，不但有創意，而且製作技術亦有革新，裝置廣告時速度驚人，均有參考價值。

使用略具張力的噴印材料，嵌在車身側面畫框裡的車隊車廂廣告。其製作裝置時間，從過去的數天一部至如今僅數小時一部。
這種速成的效率，一方面歸功於作業人員的訓練有素，另一方面應歸功於科技的進步，例如具有張力的噴印材料，這是新科技的產物。
車隊是美國互通有無的重要運輸隊伍，少則數十輛，多則數百輛，隸屬於同一個企業，形成統一調派、服從組織的強大陣容，因而成為強有力的車廂廣告媒體。在一定期間各車輛可以展示相同的車廂廣告。
資料來源：*The Big Picture*

這又是一個快速裝置卡車車廂廣告的實例。使用略具張力的印製材料，把噴刷好的巨幅廣告，整片包紮在車廂兩側，裝置一部卡車，僅數小時即可完成。
資料來源：*The Big Picture*

拉斯維加斯（Las Vegas）的一家電視台，將其新聞播報員的半身照，貼在一輛專在該市各旅館運送行李的卡車車廂側面，以增加電視台和播報員的曝光率，爭取大眾收視該台的新聞節目。
這種廣告，一方面以大幅空間和彩色人像來擴大聲勢，另方面得借助車輛的流動特性，提升廣告效果。據研究，一輛行駛市內的有車廂廣告的汽車，由於汽車繞著市區到處開，令人感覺不止一輛的錯覺。
資料來源：*The Big Picture*

6-5 交通廣告的死角

交通廣告雖然能達到各種不同職業、收入、教育程度的廣大消費者群，但有一部分的消費者確是交通廣告的死角，例如位居要津的官員、工商領導者以及擁有私人轎車的消費者，由於這部分的消費者所得偏高，少用公共交通工具，便成爲交通廣告傳播的死角。但這些消費者部分屬於社會的意見領袖（opinion leader），對其他消費者的購買行爲，具有不容忽視的影響力。相反，搭乘公共交通工具的消費者則大多是薪水階級、社會中等階層以及正在求學的學生的比例較大。由此我們也可以確定，凡奢侈品或較昂貴的商品，不適合做交通廣告，但日常生活用品、電影娛樂等，不妨多用交通廣告。

6-6 如何提高交通廣告效果

◎廣告製作要有利於乘客閱讀

例如在車廂內兩旁的廣告，由於車身弧度關係，以致廣告頂端部分較看不清楚，所以廣告的大標題、產品名稱、廣告主名稱，最好放在廣告下端或中間位置。

又如乘客閱讀交通廣告，通常有些距離，所以廣告的設計，其文案與重要標題必須容易閱讀，字體不要太小，要讓乘客看得清楚。

其次應注意的是，由於交通工具本身是在行進當中，看廣告的乘客是在搖晃的情況下，所以廣告表現要特別單純，少用花俏字體或變形字體，而且最好要用同一種字體，不同的字體或圖案化的美術字體，是加深讀者眼睛負擔的魔障。

◎要簡短清楚地表示出銷售訊息

交通廣告文案要儘量簡短，據美國研究顯示，文案在25字左右，廣告效果最佳。

再者，廣告中切忌使用統計圖或統計表，應將銷售訊息簡短、強而有力地加以表明。

不論任何媒體，事實證明，一個成功的廣告，都有一項共同點，那就是廣告內容只許有一個銷售重點（one sales point）。由於交通廣告文案簡短，加上其空間與時間有限，不容喋喋多言，若銷售重點過多而且雜陳，會削弱廣告力量。

◎運用暗示技巧

乘客日復一日，每天重複地接觸同樣的交通廣告，會生出厭惡感。為減輕這種感覺，宜用暗示文句，如「渴嗎？請喝××可樂」、「當您需要貸款時，請洽××銀行」、「該是換季的時候，請到××服裝公司」等等，這種暗示口吻的文案，能為消費者的意識增加強烈印象，一旦他對這些產品有需要時，就會自然而然地指名購買這些廠商的產品。

◎車廂內廣告不宜經常在同一位置

在有些廣告主的心目中，有所謂「理想位置」（preferred position），例如某影片公司老闆，認為車廂內廣告以右邊第二個廣告位置最好，因此他要求將都市區內所有的公車內部廣告都排在這個位置，其實這是錯誤的做法。因為最重要的是乘客的「理想位置」，而不是廣告主心目中的「理想位置」，每位乘客其心目中有其自己的「理想位置」，有些人喜歡坐在後面，有的喜歡坐右邊，有的喜歡坐左邊，有的隨意而坐不加選擇，只要有位子就坐。

為了讓每位乘客都有接觸你的廣告的機會，應將你的廣告安排在每一車輛的不同位置，這樣才能提高廣告的接觸率。

6-7 何謂車廂廣告

凡展示於車廂內外部之廣告，稱為車廂廣告。在交通廣告中，車廂廣告為主要之範疇。其中展示於車內之廣告，又稱為車內廣告，以「中吊」或稱「中懸」及框額海報兩種形式為代表。有從車內窗框下垂海報、車門或車窗上方鑲嵌之小型廣告欄等，皆屬車內廣告。

台灣的公共汽車在車窗上方即設置小型廣告欄，以乘客為對象，由車廂專業廣告公司承攬，加上精美圖案，在乘客心理空白狀態下，極易發揮廣告記憶效果，博得廣告主高度的評價。

凡展示於車廂外部之廣告稱為車外廣告，係指市內之電車、公共汽車等路面交通車輛，其車體兩側、前後兩面以及有待開發之車頂設置之廣告看板，主要以路上行人為對象，但公共汽車後部廣告，多以汽車駕駛者為對象，例如「保持距離以策安全」等注重人車安全之標語，成為維護交通秩序之口頭禪。

如今，車廂廣告已成為都市流動的風景線，而車頂廣告是一片有待開拓的處女地，是一個不容忽視的廣告媒體空間。

6-8 車廂廣告特性

車廂廣告媒體（transit advertising media）亦稱車體外廣告媒體。就是人們日常生活中，最常接觸的公共汽車（bus）、各型篷車、卡車，凡車廂兩側可供展示廣告的各種車輛，選擇其最醒目的位置來展示廣告畫面的一種交通廣告媒體。

車廂廣告在歐美先進國家已行之有年，不但成為現代都市文化之一環，而且由於具有其他任何媒體無法取代的優異特性，成爲四大媒體外的重要媒體。其特性可歸納如下：(1)機動性高；(2)廣告訴求最直接；(3)訴求對象最廣泛；(4)地域選擇最準確；(5)重複曝光率最高；(6)廣告費低廉（與大眾媒體比較）；(7)廣告製作成本較低。

6-9　設計車廂廣告注意事項

(1)色彩要醒目，搭配要活潑。

(2)深色襯底較佳。

(3)標題占版面要大，不論圖或文要簡潔明瞭。

(4)儘量用同一種字體。

(5)要留意車門、車輪、排氣口等位置。

(6)廣告面數、版面尺寸、檔期長短三者互有影響，應作適當配合。

資料來源：Sign-A-Rama, USA (Morristown)

資料來源：Sign-A-Rama, USA (Morristown)

資料來源：Sign-A-Rama, USA (Morristown)

在這種超大型的車廂上，貼滿了廣告，沿街馳騁，其對路人衝擊力之大可想而知。
圖中為利用3M單向聚乙烯貼紙的NBC 12頻道節目廣告。
資料來源：*Sign Builder Illustrated*, December 1996

利用3M單向聚乙烯貼紙所作的餅乾車廂廣告。藉著超大的車體擴大了廣告空間。
資料來源：*Sign Builder Illustrated*, November/December 1996

車外廣告，屬交通廣告之一種，一般多在電車、巴士、卡車等交通工具的車體周圍做廣告。然在火車殊不多見，上面兩幅畫面，是德國車廂外的廣告。廣告畫面十分強烈，色彩配合，搶眼醒目。
資料來源：李浩提供

凡在車廂上做廣告，通稱車廂廣告。不論其為何種車型，用何種噴印方法，統屬車廂廣告範疇。圖片顯示一輛火車，每節車廂均噴印了廣告。由於色彩豔麗，馳騁於廣袤原野上，宛如一條彩色巨龍，引人注目，廣告效果，自不在話下。
資料來源：*Signs of the Times*, May 1998

這是3M推出的單向聚乙烯貼紙（sticker）的車廂廣告，噴印圖案在這種貼紙上，將整部汽車包起來，連車窗也貼滿了貼紙，從車窗外無法看到車內的乘客，但乘客透過貼紙可看見窗外景色，所以這種貼紙，稱為單向貼紙（one way vinyl）。把貼紙的特點，透過實驗加以印證，廣告效果表露無遺。
資料來源：Circle Reader Card No.18

6-10 候車亭廣告

在戶外廣告中，廣告的興起原因在於：可資使用的戶外媒體資源有限，每隔一段路途距離，才有一處候車站，每處候車站只有一座遮雨棚，而每座遮雨棚的看板空間有限，所以其廣告價格也就水漲船高。

但因所在位置地段不同，城市榮枯情形不一，廣告費價格差異甚大，租用期間長短亦不相同，短則論月，長則論年，從數月到數年都有。

據《商業週刊》載，中國有一家白馬媒體投資公司（Hainan White Horse Media Investment），原來該公司擁有經營權的候車亭只有100座，經營四年後，候車亭規模已經擴及十六個縣市的2,500座，1987年營收即達1,000萬美元。

這是德國柏林一處候車亭的燈箱廣告，這幅廣告攝於白晝，如在夜晚，由於燈箱內部照明，使廣告畫面益感生動。
資料來源：*Sings of the Times*, January 1998

這是柏林市內一座候車亭的廣告，這個候車亭較上圖似嫌簡陋，唯漫畫式的燈箱廣告，引人注目。
資料來源：作者拍攝

此一方興未艾的新興行業，引起美國媒體鉅子Clear Channel Communications的高度興趣，毅然投資2,200萬美元，以推展中國的車棚廣告業務。白馬公司爲了吸引百事可樂等大客戶，準備將車棚廣告租用期間作更有彈性的調整，以順應客戶舉辦促銷活動（event）的短期需要。同時該公司也打算研究發展人口統計資料，針對特定族群，如白領、球迷、飆車族等作統計，以針對不同族群的消費需要，承攬不同的產品廣告。

6-11 計程車電子廣告

計程車電子廣告被稱爲Ad Runner的新科技，利用以衛星爲基礎的網路追蹤系統，除了不停地提供球賽比數及頭條新聞之類的資訊外，該系統也能確知計程車目前行駛的位置，並隨之調整廣告。

例如當計程車駛進某地區時，該系統會推出該地區某企業的廣告。據獲得此項新科技專利者說，可以想像未來，當計程車駛入求婚者所住地區時，會在廣告板顯現出求婚廣告。

美國計程車頂上的小廣告板，作爲戶外廣告媒體，早在數十年前便已存在，以紐約市而言，就爲百老匯舞台劇及服裝店作了不少宣傳。

當裝有電子廣告板的計程車行駛紐約市區時，吸引無數路人投以好奇的日光。不過有人懷疑，這項新科技可能使行人或其他駕駛人因專注於廣告板的廣告內容而分心，以致釀成意外交通事故。

傳統計程車頂廣告費大約每月50美元，但此種計程車電子廣告板廣告費每月爲125美元。

第七章

空中廣告與充氣塑型廣告

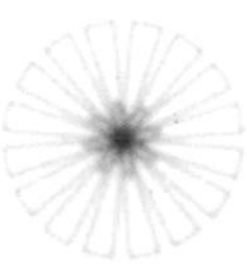

7-1 空中廣告的種類

空中廣告（sky sign）的種類和做法不勝枚舉，目前正在實行的和未來可能實現的有以下各種：

◎氣球廣告（ad-balloon）

氣球本來用作兵器，現在廣被用作媒體，屬於空中廣告媒體之一。其所用材料，大半爲聚乙烯（vinyl），將其製成球狀，內部充塡水素瓦斯，具有飄浮高空之能力。氣球可仿照廣告商品、動物等各種造型加以變化，爲了夜間發光，可加裝照明（illumination）設施。

由於它能飄浮高空，可受到廣大範圍人們的注目，更由於各種不同造型，具有其他媒體所無的獨特氣氛，多被用於房屋落成、商店開幕、促銷活動（event）、各種慶典等場合，在廣告媒體應用上，被稱爲特殊媒體之一。

◎空中寫字（sky-writing）廣告

利用飛機在高空噴出煙霧，組合引人注目的廣告文字，稱爲空中寫字廣告。此種廣告在實際運用上雖然所見不多，但也有突發奇想，不乏傑作。據《世界日報》載：有一癡心男子，就曾雇用飛機，高空噴字求婚。廣告文這樣寫道：「漂亮的亞裔小姐：港務局巴士站，我愛妳，嫁給我吧！夏威夷襯衫Chris。(212)682-9300」這段文字是一位名叫白愓樂（Chris Petrillo）的癡情男子，雇用小飛機在哈德遜河上空噴出的求婚字句。噴字中提到的港務局巴士站，是他第一次在該處與那位亞裔小姐相遇的地點，當時他穿的是夏威夷襯衫。

這種求愛方法，雖然沒有找到這個美麗的姑娘，卻吸引了媒體的報導，哥倫比亞廣播公司第二頻道、華納兄弟公司第十一頻道都分別採訪了他的故事，擴大了廣告效果。

與上述空中寫字類似的有所謂sky typing，這種做法亦係空中廣告之一種，一般多以飛機編隊飛行而進行的，其方法有二：

一種由飛機連續噴出煙霧，機身經過翻轉繪出連續文字或圖形。例如過去在日本東京舉辦的奧林匹克運動會，就曾用此法在空中繪出五個圓環的標誌。

另一種利用電腦操作，猶如打字員打字一般，一字一字打出而繪成文字。例如1969年在洛杉磯上空，由五架飛機編隊飛行，繪出「M集團」的廣告文字，不論上述方法何者，均需龐大預算和高度技術，絕非輕易可以做到的。

◎飛機牽引（airplane tows）廣告

將廣告文字繫於飛機尾部，隨飛機飄盪於空中，稱爲飛機牽引廣告。

◎其他各種類型的空中廣告

(1)在飛機飛行中，以擴音器向地面播放廣告，或散發傳單，這是一種簡易而隨時可行的空中廣告。

(2)在飛機或飛艇之機身塗寫廣告文字。美國「固特異」輪胎常用飛艇機身塗寫Goodyear字樣，在高空飄盪，此種屬於印象廣告之做法，必須品牌名稱人人耳熟能詳之後，才能奏效。

(3)用空中投影機，在夜間向空中煙幕（smoke screen）投射廣告文字，將空中煙幕浮出影像，例如日本萬國博覽會三菱館，即以此種方式作過嘗試，博得參觀博覽會人士喝采。

(4)與以上各種空中廣告相反，其訴求對象不是地面上的廣大群眾，而是針對飛機上之旅客，在地面上或屋頂所做之各種廣告，姑且稱爲廣義的空中廣告。

7-2 日本的空中廣告

空中廣告須動用飛機等現代高科技工具，需要龐大經費及高度技術，並非輕易即可實施。歐美廣告發達國家，空中廣告比較常見，亞洲則是日本較多利用空中廣告從事促銷活動，其最常見者，有下列各種方式：

◎燈船廣告

「燈船」呈船艇狀且內部裝燈，故稱「燈船」，白天看起來「燈船」只是個全長40公尺的大型飛艇，但一到晚上，透過內部搭載的發電機和水銀燈，整個飛艇變成了「發光體」。

例如日本大正製藥公司所實施的「氣血精飲料ZENA」新上市系列廣告活動，即以此種方式首度實施。ZENA燈船飄浮於全國各重要城市空中，非常醒目。甚至有人將其誤認爲「UFO」，也有人打電話至警察局或氣象局詢問，由於這種燈船飛行於300公尺的高空，以致地面廣大地區的市民，均可清晰地認知「燈船」上的廣告文字或標誌，發揮極佳廣告效果。

◎熱氣球廣告

熱氣球廣告並非用於娛樂等非以廣告爲目的的氣球，它是一種具有商品個性特別設計的「定型氣球」（shaped balloon），其製作目的是希望能在廣告系列活動中掀起高潮。1989年日本「Suntory生啤酒」廣告系列活動中，即以飛舞於空中的鯨魚熱氣球來引起廣大群眾的話題。飛舞空中的「Suntory」鯨魚造型啤酒氣球廣告，全長32公尺，高20公尺，是一種能搭乘3人的巨大熱氣球，該氣球由熱氣球發源地的西班牙氣球製造廠所承製。

◎太陽能飛行船

太陽能實驗飛行船，可滯留在安定的平流層，作爲監視地球環境之用，或作爲通訊轉播站取代人造衛星。因爲飛行船停留在超高空中，不能使用內燃引擎，必須利用太陽電池的能源，讓其後部的推進器運轉，實際上是一項將全長200公尺的飛行船送至空中的計畫。而其實驗用的約17公尺小型船，似乎可用作廣告媒體。以無線電操縱使其長時間懸浮在博覽會會場的上空，其效果一定很大，是值得大力推展的新媒體。此種太陽能飛行船之規劃，係由日本工業技術院機械技術研究所及民間研究會所共同開發。

◎馬戲團造型氣球

由於氣球造型滑稽，如裝扮成河馬芭蕾舞者，以及稍顯詼諧的獅子套著搏命圈環，惹人喜愛，故名馬戲團造型氣球。這種造型的氣球藉由內部小型推進器或馬達，可自由地改變浮動方向，演出不可思議的馬戲。

這種氣球1988年於日本瀨戶大橋博覽會首度登場，成爲熱門話題。這種氣球也可製作成企業的個性表徵物（character）或象徵標誌，可以說是一種最進步的廣告新媒體，是提高PR效果難得的新作法。

◎星光幻象

此種裝置在裝有氦氣、直徑長4公尺的氣球上，組合著氙氣燈光源和底片筒，透過來自地面上的控制系統，能呈現宛如在空中飛舞的跑馬燈。此種星光幻象裝置，尙可打上公司標誌，應用於企業形象表徵等各方面。

◎空中訊息（sky message）

於3,000公尺的高空，五架飛機編隊飛行，藉由電腦控制，噴出點狀白煙般的文字，一個文字有4公尺高，這種巨大的文字，是書寫於空中的世界最大訊息板。

例如1984年洛杉磯奧林匹克運動會開幕式中，由這種點狀白煙畫出「WELCOME」字樣，震驚了來自全世界的觀眾。

在日本，大塚製藥公司於1989年首度在橫濱博覽會會場展現過這種空中訊息。之後陸續在日本各地，曾出現「POCARI SWEAT」等空中文字訊息，受到廣大群眾矚目。

◎空中耳語（sky whisper）

這是在氣球內藏附無線電控制聲音的一種裝置。過去要將1公尺大小的氣球，長時間自由自在地用無線電操控，是不易做到的事。但現在這方面的技術問題已獲得解決，它可用無線電操控，播放音樂或訊息，宛如飛舞空中的播音器，作爲引人目光傳達訊息之工具，十分有效。因此，可充分活用作爲廣告媒體。

◎影像搜尋（search vision）

它是日本電通PROX與Aoi Studio兩家公司共同研發出來的新媒體，它不但滿足了廣大群眾對夜空的好奇感，也解決了廣告客戶長期以來，對飛艇或氣球無法在夜間發揮廣告效果的煩惱。

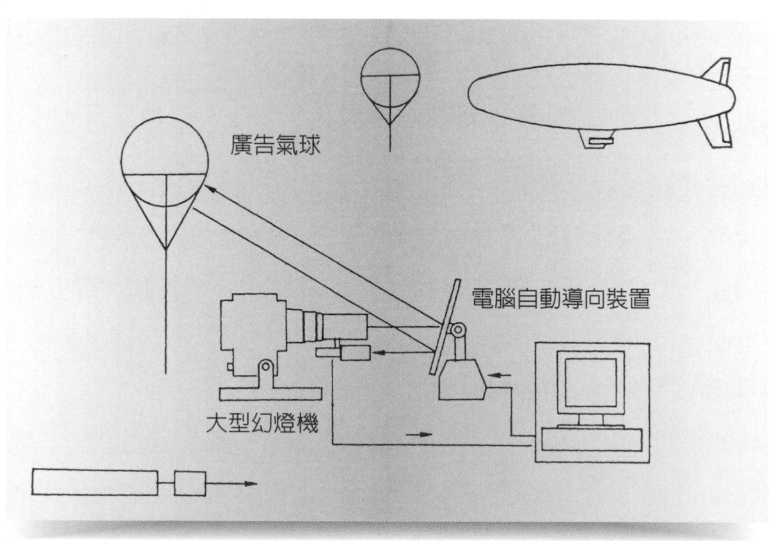

Search Vision自動導向裝置系統。
資料來源：樊志育，《廣告學原理》，69頁

影像搜尋的結構原理是：將飄浮於夜空中的氣球，或用無線電操控的小型飛行船，以銀幕自動追隨投射出來的影像，這種系統以往是無法辦到的，但現在這種影像搜尋構造變爲可能。詳言之，它是在氣球或飛行物上裝置能發出紅外線的構造，以感應器感應，用電腦算出影像位置，並以電動迴旋台的鏡子，映射出影像來。例如札幌璠館西武的開幕式、東京汐留的Tokyo P/N Event等活動中，均曾用過這種空中新媒體。

◎噴射霧幕

將影像投射在用噴射嘴放出的霧氣中，參加廣告活動者從此影像中穿過，是一臨場感十足、體驗夢境的系統。由於維持薄霧幕的整流裝置已開發完成，可呈現出清晰的影像，同時因霧係微細粒子，所以人通過也不會被淋濕，銀幕的形狀也不會受影響。當舉辦促銷活動時，裝設於活動會場的入口處，可帶動活動氣氛，並充分活用空間。

「東京啤酒廠」在東京車站丸內南口舉辦活動時，曾運用這種噴射霧，增添熱鬧氣氛，引起注意。噴射霧幕雖投射在地平面上，但並非在地上，應可列入空中媒體範圍。

◎水煙幕

是一種在水池、湖泊上將水往上呈扇狀噴出，形成水煙幕，再將水幕作爲銀幕投射影像的系統。

1990年，在大阪舉辦的「花與綠」博覽會中，在會場水池中央，連續多日以大型映射與雷射演出具有幻想力的電子秀，頗受來賓的歡迎。雖然該活動會場是使用法國製的設備，但日本對這方面的開發也非常進步，所以將來在滑雪場等處，將可看到這種投射於雪地上的影像，此種系統可用作廣告媒體。

7-3 充氣塑型廣告

充氣塑型廣告之盛行係近年來的事，究其原因不外充氣工具之進步、氣囊材質之提升、設計素質與製作技術之提高，以及廣告效果博得肯定等。

以充氣工具而言，不但較過去進步，而且新工具日新月異。否則，不足以應付日益龐大之充氣作品。再以氣囊材質而言，不但品質本身較前優越，而且材料供應不虞匱乏。至於設計與製作技術，不但精於工藝設計人才輩出，製作技術也相對提升。再以廣告效果而言，由於充氣塑型具有其他媒體所無法達成的特性，所以其效果亦與一般媒體不同，因爲這種廣告除適於店面陳列外，尤宜在促銷活動現場，發揮吸引顧客、招徠群眾之效。

充氣塑型廣告具下列特性：(1)各種造型之可塑性；(2)色彩搭配之選擇性；(3)大小自如之伸縮彈性；(4)折疊運搬之輕便性。

這是盛行於美國的充氣戶外廣告，據製作此種充氣廣告的公司宣稱：該公司可應客戶要求，設計各種型態及規格的充氣廣告。由於形體龐大，易於組合、運搬及折疊，花樣翻新，色彩豔麗，極適用於促銷活動（sales promotion）。
資料來源：*Signs of the Times*, April 1994

這是「洛杉磯最佳Absolut酒」組織創辦人，希望「重要高層的顧客」前來參加每年一度的第二屆慶典活動的畫面。
圖中這樣龐大的瓶裝商品模型，非用「充氣」無法達成如此維妙維肖的境地。
資料來源：AA雜誌，June 1997

Outdoor Advertising Design / Production

第八章

霓虹廣告設計製作

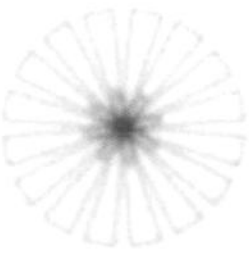

8-1 霓虹燈管是怎樣構成的

霓虹燈管採用細玻璃管，經由霓虹師傅按設計意圖彎曲加工而成。兩端裝置電極，抽出管中空氣，充入少量氖（neon, Ne）或氬（argon, Ar）和水銀，兩端通過高電壓，就會發出光芒。至於它所呈現的各種色光，係按玻璃管的顏色、所充入氣體的種類、管內所塗發光物質而異，色光種類多達三十餘種。

8-2 霓虹廣告的由來

Sign是廣告用工作物，neon sign就是用霓虹燈管做成的sign，但不僅限於霓虹燈管，用其他光源所做的sign，也稱之爲neon sign，與電氣sign意義相同。

Neon sign已成爲戶外廣告最有力的手段，小自商店招牌、展示品（display），大至霓虹廣告塔，凝聚廣告設計者的心力與智慧，使neon sign成爲推廣產品的利器，美化城市的尖兵。

霓虹在招牌上之應用，由來已久，其優點在於不論晝夜，具有持續訴求效果，尤其在夜間，依照設計者設計的光源，發光或點滅，能發揮最大的訴求力。

霓虹廣告之發軔，係法國喬治克盧道（Georges Claude, 1870-1960）於1910年巴黎萬國博覽會，首度啓用霓虹廣告。

8-3 霓虹廣告的約束

霓虹廣告物所用的是高電壓，必須使用霓虹專用的變壓器，它可使所供給的普通低電壓電力升壓，達到3,000-15,000V的效用。

霓虹廣告物構造複雜，且多體積龐大，如高聳雲霄的霓虹廣告塔、超大霓虹看板等。這種過大廣告物涉及公共安全及市容觀瞻，設置時必須遵照廣告法，有的須通過建築法、電氣設備技術標準以及消防相關法令等手續，並非草率即可行事。

再者，由於這種廣告物多係長期設置，在廣告預算方面，不僅有廣告物之建造費、廣告媒體費，還必須顧及事後維護等費用。

以下所介紹的霓虹廣告，是自美國各種著名sign雜誌中精選其具有特色者，以饗讀者。

從這些傑出作品中，可以體會出來，這些具有代表性的作品，有的以動物、有的以人物作表現主題，有的則以造型出眾取勝。在這花樣翻新、色彩絢爛的霓虹世界裡，當您從事霓虹廣告設計時，可從中取長補短，激發設計創意，製造出更傑出的霓虹廣告。

這是一家叫Buster Brown Shoes的皮鞋店，以眨眼的象徵人物，作標誌的霓虹廣告。
資料來源：*Sign Builder Illustrated*, April 2000

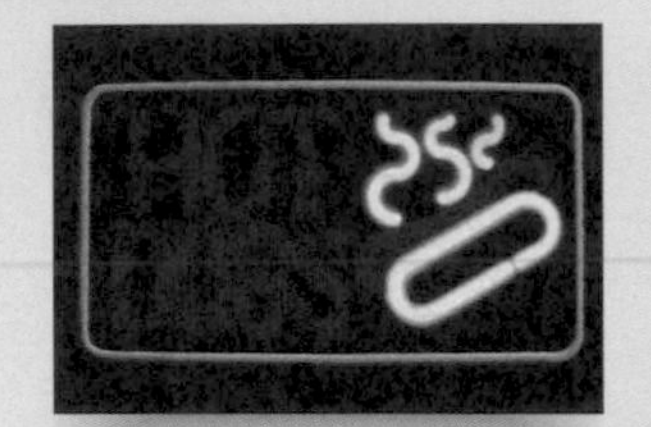

照明霓虹（illuminated signs），不論店内店外，均可活用。其主要功能在於凸顯注目效果，尤當漆黑夜晚，藉照明力量發揮eye catcher效果。
在設計製作上，不但要講究造型之美，更可藉不同顏色，在文字或圖形中凸顯其重點所在，以便達到廣告所預期的效果。
資料來源：MAY Advertising 1997 Catalog

資料來源：*Signs of the Times*, November 1996

資料來源：*Sign Business*, September 1994

資料來源：*Sign Business*, September 1994

資料來源：*Sign Business*, September 1994

這個以大禮帽作為象徵標誌的餐館霓虹招牌，是在金屬燈箱上，以霓虹和LED兩種方式，凸顯廣告文字。
資料來源：*Sings of the Times*, September 1994

霓虹所在地：美國。
資料來源：*Sign Business*, July 1995

霓虹所在地：美國。
資料: *Signs of the Times*, April 1995

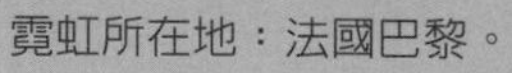

霓虹所在地：法國巴黎。
資料來源：*Signs of the Times*, August 1997

霓虹所在地：法國巴黎。
資料來源：*Signs of the Times*, August 1997

霓虹所在地：澳洲。
資料來源：*Signs of the Times*, August 1997

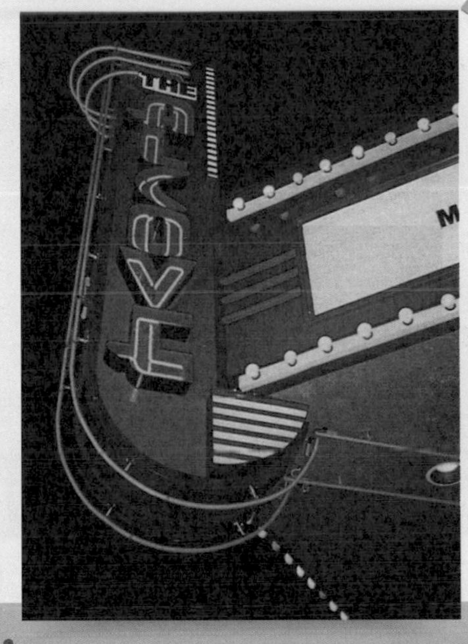

這個Alcove霓虹招牌，設置在一所烹飪學校兼營餐飲和酒吧的入口處，以閃爍豔麗的霓虹，誘客光臨。
資料來源：*Sign Business*, July 1995

霓虹所在地：英國倫敦。
資料來源：*Signs of the Times*, August 1997

霓虹所在地：香港。
資料來源：*Signs of the Times*, August 1997

霓虹所在地：美國新墨西哥州。
資料來源：*Signs of the Times*, August 1997

霓虹所在地：法國巴黎。
資料來源：*Signs of the Times*, August 1997

這兩幅霓虹招牌，是一體兩面，一面顯示歡迎遊客到加拿大「The Pas」樂園來，另一面俟遊客遊罷後，表示希望再度光臨。
資料來源：*Signs of the Times*, April 1995

本霓虹係由客戶提供 logo，Fishman霓虹公司承製，造型清晰美觀。
資料來源：*Sign Business*, March 1995

霓虹所在地：美國猶他州。
資料來源：*Signs of the Times*, August 1997

霓虹所在地：澳洲。
資料來源：*Signs of the Times*, August 1997

霓虹所在地：法國巴黎。
資料來源：*Signs of the Times*, August 1997

霓虹所在地：香港。
資料來源：*Signs of the Times*, August 1997

霓虹所在地：澳洲。
資料來源：*Signs of the Times*, August 1997

這是一個很特殊的蒙娜麗莎（Mona Lisa）像。凡是對霓虹有興趣的人，一定會注意到，位於洛杉磯風景如畫的西奧林匹克布魯瓦501號，霓虹藝術博物館，懸掛者這幅蜚聲世界最有名的蒙娜麗莎像。當然，這幅畫像不是畫在布上的油畫，而是金屬片上的霓虹。
資料來源：*Signs Builder Illustrated*, March 1997

資料來源：*Sign Business*, September 1994

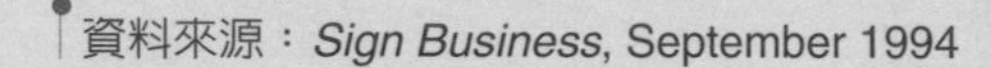

資料來源：*Sign Business*, September 1994

8-4 立體金屬霓虹

立體金屬霓虹（channel letters）在美國戶外市招中，占有相當地位。許多大型購物中心或公司行號，均以其作成店名或商標（logo）。

立體金屬霓虹造型方厚，字形可充分表達，襯以適當顏色的字面字邊，可表現出雄偉壯麗的質感。尤其夜間四周沒有其他燈光照明情形下，立體金屬霓虹猶如萬綠叢中一點紅，特別突出搶眼。因此最適合大型建築物如旅館、飯店、辦公大樓、超級市場等場合。

製作立體金屬霓虹，自設計著手，應考慮每座大樓或商店的結構不同，四周環境及景物亦異。有時整個購物中心（shopping mall）統一規定使用同樣字體或顏色，不容自行變更規定，此種情形則受限較多。

立體金屬霓虹的字形，除非事先統一規定，否則應挑選造型簡單，沒有裝飾細線（sans serif）的平體字形，筆劃粗胖，製作較易。立體金屬霓虹最小不得小於8英寸，筆劃最細處不得窄於2英寸，否則字形外殼及內部霓虹難以彎曲。

一般而言，立體金屬霓虹是以鋁片壓製成字形的外殼，內部裝上霓虹燈管，字面覆以1/8”的彩色壓克力板，再以彩色塑膠條封邊即成。其品質好壞端視使用材料及手工粗細，霓虹燈管視字體筆劃粗細，可使用單粗管或雙細管，燈管應盡可能伸至所有死角，且與字面壓克力板保持同一水平，如此打光才會均勻。

立體金屬霓虹的字面顏色取決於壓克力板的使用。一般而言，1/8”壓克力板有白、黃、紅、綠、藍、橘紅等色。使用白色霓虹燈管可忠實呈現壓克力板本色，但亦有使用紅色霓虹燈管，加上紅色壓克力板，以加亮紅色照明。若要求使用特殊顏色作面板，則可敷貼彩色透光vinyl於白色壓克力板或根據Panton Matching System的彩色號碼，以電腦按比例配製透光，戶外用噴漆噴灑於壓克力板後，再以白色霓虹燈管照明即成。

安裝立體金屬霓虹視建築物構造及要求，分為裝在後盒鐵箱（rearway），或直接釘在牆上無後盒鐵箱兩種裝法。前者安裝較容易，所有獨立字母或圖形可在工廠內裝好後運至工地整塊裝上。後者則必須先在牆上釘上字樣模型，然後將字母或字形逐字釘在牆上，再安裝霓虹燈管，最後覆蓋壓克力字面。

立體金屬霓虹的外殼字形，以往均用手工製作，但現在多用電腦設計好字形後，在紙板上打樣，以切壓機將鋁片彎曲成字樣形狀，即成鐵盒字型。

目前美國已使用電腦控制鋁片成型機取代人工。

8-5 霓虹廣告塔設置程序

在五花八門的廣告物中，以霓虹廣告塔最易引人注目，爲工商企業所樂用。縱觀世界工商大國主要城市，其街衢要道，莫不爭奇鬥勝，裝置形形色色的各種霓虹廣告。尤其入夜之後，光輝燦爛，色彩繽紛，使街衢市容平添無限壯麗。此種霓虹廣告物，不但顯示此一國家繁榮進步，同時也象徵此一國家朝氣蓬勃。

不過霓虹廣告塔的製作非常複雜，因爲它體積龐大，又特別沉重，必須有基礎穩固、負荷力強的建築物作爲母體，又必須選擇商業繁榮地點，才能符合裝設條件，達到預期效果。

裝置廣告塔，除了其本身美觀創意新穎外，尤須重視安全問題，因爲它的構造是由藝術、電機、建築三部門糅合而成，不能單以外形美觀而忽略其他問題。因此，要製作廣告塔，除了廣告公司要擁有企劃人才外，還要有電機、建築專家配合，才能製作一座完美的廣告塔。

以台灣一家歷史悠久的國華廣告公司在台北鬧區興建的霓虹廣告塔爲例。它選擇台北市心臟地帶作爲興建地點，此處商賈雲集，人煙稠密。公司特地從國外聘請建築專家、機械工程師，針對廣告塔的母體建築進行精密的核算與分析，經證實其負荷與安全無問題後，才開始著手企劃。

茲將霓虹廣告塔設置程序簡列如下：

(1)選擇適當設置場地，根據權威機構之交通流量、人口統計等資料進行評估。

(2)由建築專家勘察廣告塔之母體建築物，評估其負荷及耐震力。

(3)由霓虹塔設計專家召開企劃會議，並作成結論。

(4)著手繪製霓虹塔結構圖，並估算建造及維護等費用。

(5)利用結構圖進行醒目度等廣告效果預試。

(6)向主管機關申請審查許可。

(7)經審查核准後，開始動工。

(8)工程進行時，由承攬廣告塔之廣告公司協同原設計師共同監工。

(9)廣告塔竣工後，報請主管機關複驗，證明與原設計圖施工無訛。

(10)開燈啓用。

(11)進行廣告效果測試，是否達到預期效果。

(12)定期派員巡視，加強日常維護保養。

這是一家叫Cosmos Diner餐廳的霓虹廣告塔，造型優美，配色悅目。造價8,000美元。在這家餐廳晚餐，可享受星空一般的夜景。
資料來源：*Signs of the Times*, September 1997

這幅由美國國際標誌公司（National Sign Corp.）承造的霓虹廣告塔，以「V」字形作結構輪廓。造型十分優美，廣告主是Hiway 101 Diner。
資料來源：*Signs of the Times*, September 1997

戶外霓虹廣告塔設計佳作獎（Honorable Mention）中的獲獎作品。
資料來源：*Sign Business*, September 1997

8-6 燈箱廣告

燈箱（light box）是夜間展示店名、商標、商品或訊息的一種理想傳播工具。當夜晚商店或商品需要增加能見度時，燈箱提供了最基本最簡便的表達方式。

燈箱是由金屬箱（一般爲鋁片）包在1”×1”鋁製骨架上製成，內含變壓器（ballast）及白色日光燈管（fluorescent tubes）。燈箱面一般使用3/16”白色壓克力（acrylic）作底，上面敷上透光彩色vinyl（colour translucent vinyl）即可。亦可使用彩色幻燈透明片（duratran）貼敷在白色壓克力底板上，製成全彩影像效果。

使用vinyl敷貼在壓克力上時務必使用透光材料，方能將彩色忠實顯現出來。白色壓克力應使用透光均勻高品質者，否則透光不均勻，影響整體畫面，或過度透光，暴露出燈管，破壞整體設計意圖。

燈箱表面一般多使用平面3/16”壓克力板，亦可使用塑膠噴出成型，突出字型或畫面者(pan-faced)。亦可使用lexan，此種材料成本較高，但具有不易破裂的特性，且散光較壓克力佳，透光vinyl敷上後，顏色散光均勻，不會產生不調和的(patchy)塊狀。

另外亦可用彩色壓克力板，加以刻飾成立體字形或圖樣，貼敷在底板上，或者以彩色壓克力板，將字形或圖樣挖空，整塊貼在底板上，讓鏤空部分透光，形成特殊效果。

燈箱海報。
資料來源：MDA Display Catalog

縱深3 1/2”

縱深2 1/2”

Since
LGB
1991
GREEN POINT
Business Park
DA HUA MARKET
Outdoor Advertising Design / Production

第九章

展示空間設計

9-1 展覽專業公司應運而生

國際貿易已成爲一個國家的經濟命脈。尤其我國加入世界貿易組織（WTO）之後，將來的市場不是一個國家或一個地區的市場，而是「世界市場」。因此在固定的場所定期舉辦各類商品展示，廣招國內外人士參觀，促進購買成效，是目前首要之舉。

但過去的商展陳設，則多因襲舊觀念，抱著宣揚傳統文化和推廣商品的雙重意義，商品展示常是隨意陳列，照明不足，胡貼海報，展覽會場顯得雜亂無章。這種場面，國人也許習以爲常，但來自國外的顧客，則將大大降低購買欲望，懷疑產品品質和信譽。

近年來專營展覽陳列的專業公司在國內外應運而生，活用組合架構，可將展覽佈置成本降低，並可在極短時間內完成工作。舉辦展覽花費是必需的，但是讓一群專業設計人員替您服務，可收事半功倍之效，其收穫效益彌補所用的花費，綽綽有餘。

一般而言，「展覽設計公司」對行銷實務、消費心理，瞭若指掌，不過制式的設計和排列組合，對某些廠家而言，可能無法滿足其意願，因此，廠商的行銷主管和展覽設計公司的設計人員，配合其設計展示會場的專才，共同創造出一個綜合展示效果和符合市場心理的訴求重點（sales point），是必要的。

9-2 展示活動類別

今日市場的特徵之一，即是如何辨別商品差別化的困難度。在這種困難中，爲導引消費者購買自家產品，必須舉辦各種促銷活動。而展示商品，直接向購買對象介紹產品特性及優點、使之理解的手段，統稱爲展示會。展示會因規模、會期長短、展示對象不同，名稱繁多，莫衷一是，如派對（party）、秀（show）、博覽會（exposition）、展示會（exhibition）等。

若按主辦機構不同，大致分類如下：

(1)產業界舉辦的展示會，如國際展覽會、東南亞巡迴展示會等。
(2)業界團體、媒體業界舉辦的展示會，如汽車展、商展、機械展等。
(3)在統一主題下，相關企業共同舉辦的展示會，如小家電業與家具業、電腦硬體與軟體業等相關企業。
(4)生產廠商與經銷商共同舉辦的展示會。

無論何種展示會，均需動用戶外廣告專業公司，在實施之前，針對目標對象，作周密的籌畫，並以適切的廣告，告知參加觀眾，以廣招徠。同時也應準備事後的意見調查卡，記錄參觀顧客名單，前者作爲展出效果評估依據，後者留作日後繼續與顧客追蹤聯繫。

9-3 展示活動的效益

展覽會的效果，可從經濟性效果與無形的效果兩方面來探討:

◎經濟性效果

展示會可爲地區帶來巨大效果，如誘發大量投資、創造就業、擴大消費、活化地區等各種複合效果。

◎無形效果

在展示會舉辦期間，由於社區居民的參與，可獲得提升居民連帶意識、培養愛鄉情操、提升地區形象等效果。

展示會（exhibition）與博覽會（exposition）性質不同，前者側重物品的展示，後者多屬文化性質。就舉辦次數而言，前者也比後者爲多。展示會在各國舉辦的情況，多半與當地文化和經濟因素有關，我國多與工商業相關，日本多與工業生產或防止公害相關，歐洲以時尙流行、美術工藝等相關者爲多，在美國則以汽車、飛航工業較多。

9-4 戶外廣告公司對商展活動扮演之角色

由於商展活動規模日趨龐大，舉辦次數愈益頻繁，戶外廣告業者所肩負之責任亦愈益繁重。因此，戶外廣告業者需要大量儲備專業人才，加強日常訓練，充實現代科技知識，方能爲現代企業之展覽活動作好妥善而周到之服務。

一個現代化的戶外廣告公司，對複雜紛紜的展示作業應具備之專業技能及其所扮演之角色，分別臚列如下：

◎展示活動企業人員

應具備市場行銷、廣告傳播專長，並對展示活動企劃經驗豐富，擅長市場分析與消費心理研究，方能勝任展示活動之全盤計畫。

◎現場佈置陳列人員

此種人員應分美工及技工兩大領域，技工應擅於電氣照明、土木建築等陳列展示品之現場工作。而美工人員則應具備整場佈局、產品陳列、色彩調配及美工藝術等知識。

◎現場接待公關人員

包括展示活動宣傳、現場接待、產品解說等專業人才。這些人員應具備產品知識，有能言善道之口才，尤應重視容貌儀表，給予參觀者良好之印象，營造展覽會場賞心悅目之氣氛。

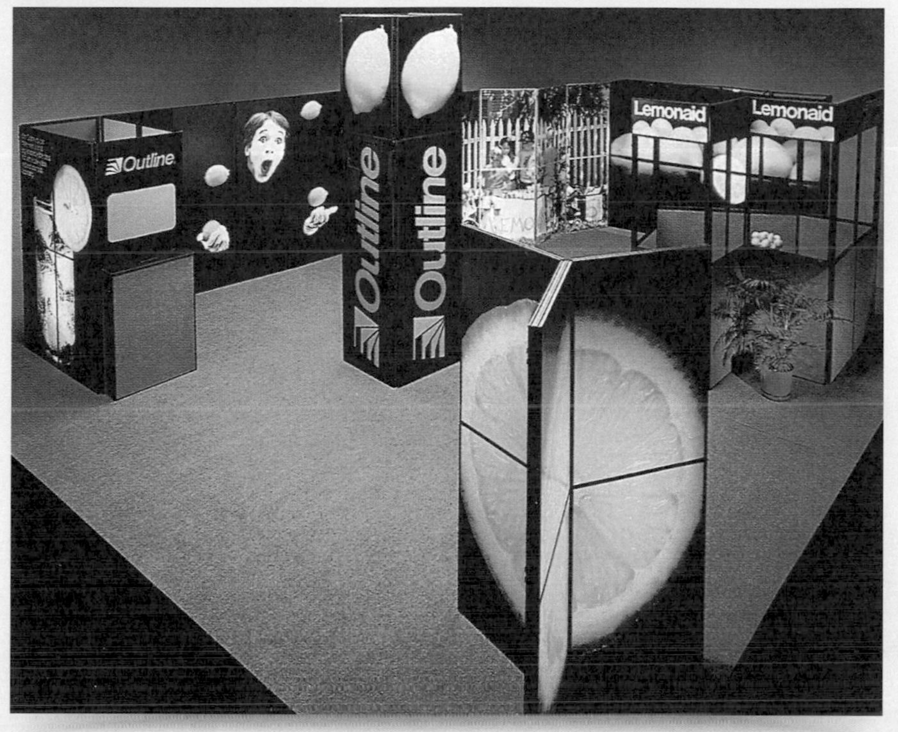

攤位佈置示範圖。美國以輕便著稱的展示用裱板系統（portable panel display system）outline，備有各種規格和不同曲折造型，嬌小玲瓏，美觀大方，是展覽攤位最佳裝飾助手。
茲將其一般的結構型態介紹如下，作為規劃展示攤位之參考。
資料來源：Sign-A-RAMA

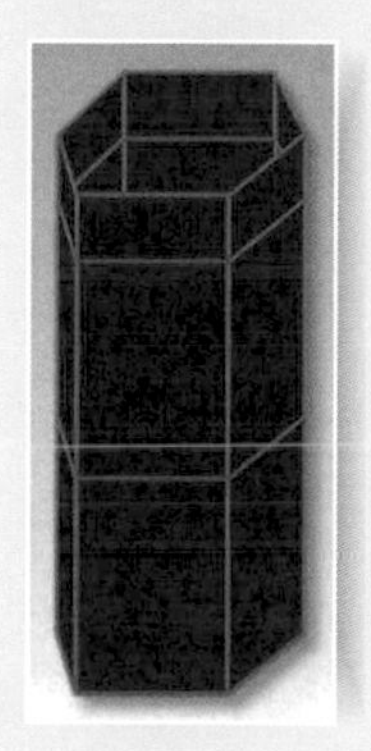
5面

4面

2面

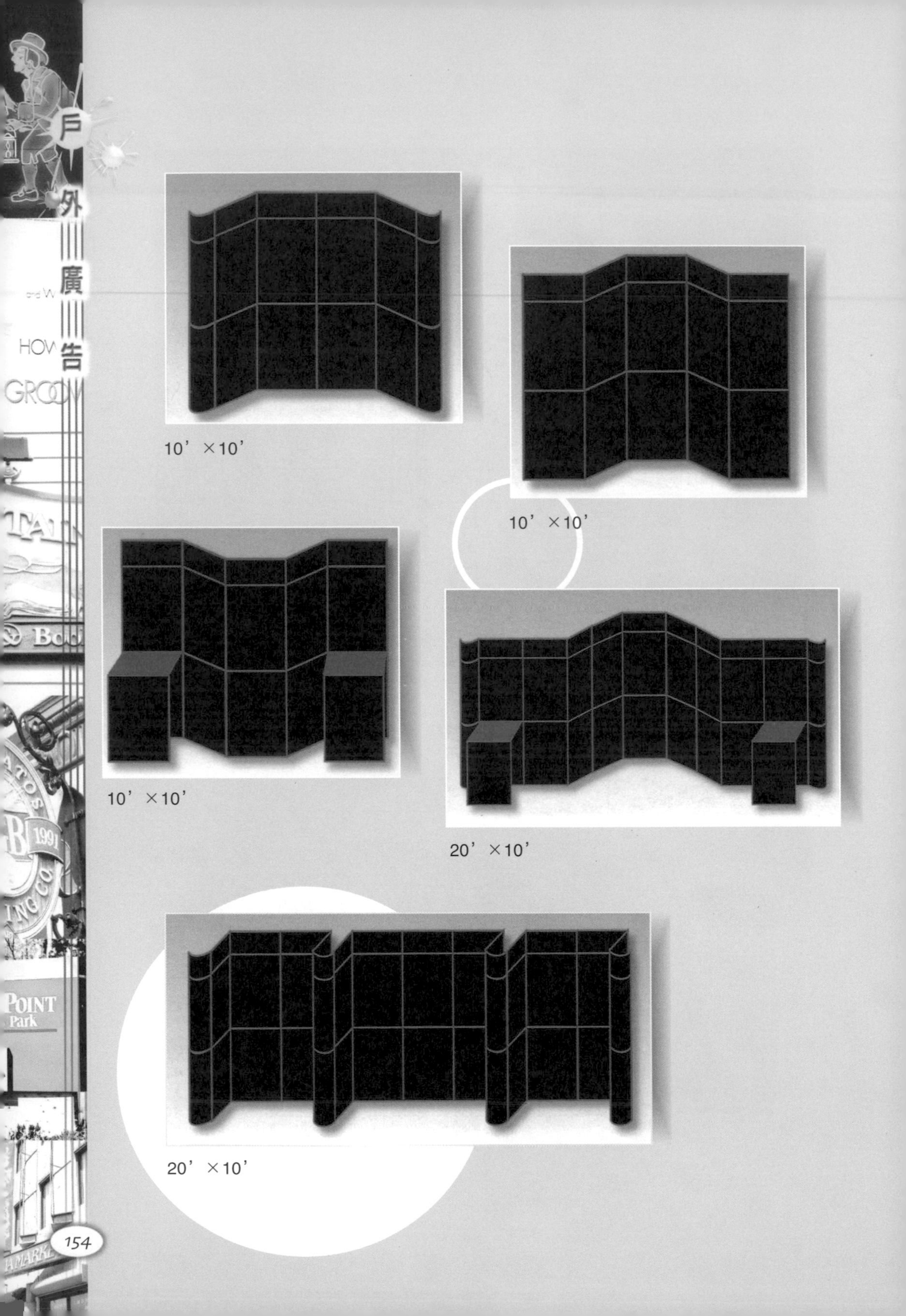
戶
外
廣
告
10’ ×10’
10’ ×10’
10’ ×10’
20’ ×10’
20’ ×10’

這兩幅展示會場的陳列物，是以「伊甸園日」為主題，世界敦鄰節的陳列sign，地球由人工畫成，文字則由vinyl貼上，把四根柱拼在一起，可組成一個完整的地球。
資料來源：*Signs of the Times*, January 1993

設計展覽會場，儘量以圖片造型為主，文字愈少愈好。
資料來源：*Digital Graphics*, August 1999

設計一個最佳的展示空間，共同合作是成敗關鍵。本圖是Gotham Group公司，承辦「交易秀」的展示作品。這個畫面對設計展覽會場，激發創意，頗有助益。
資料來源：*Digital Graphics*, August 1999

展覽會場展示架構圖例（一）

資料來源：
Trade Show Exhibit Marketing & Sales Promotion Tool Book

展覽會場展示架構圖例（二）

資料來源：
Trade Show Exhibit Marketing & Sales Promotion Tool Book

Outdoor Advertising Design / Production

第十章

戶外廣告創意與科技

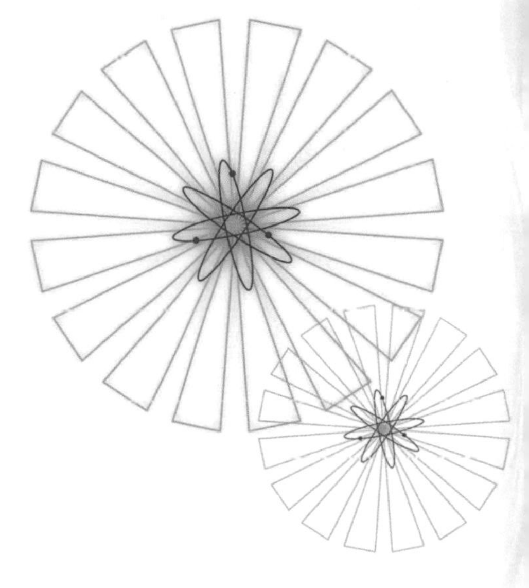

10-1　戶外廣告創意來源

有人把idea譯爲「觀念」、「想法」或「構想」，但一般都把它譯爲「創意」。雖然有人說「創意」是天才的產物，但實際上「創意」是把現有的既成要素加以重新組合而產生的。所以說「創意」並非天才者所獨占，實際上任何人都能想出「創意」來。

思考「創意」時，必須具備專門知識和一般常識，要想從這些資料中激發出傑出的「創意」，必須要有開放的胸襟，無拘無束的頭腦，「創意」便油然而生。若希望自己的商品比他人的更有魅力，就要靠廣告的「創意」，所以說廣告競爭就是「創意」的競爭。

記得幾年前日本電通廣告公司一位高級主管曾說：創意是用「腳」想出來的，「腳」爲什麼能想出「創意」呢？他的意思是說，「創意」並不是困難的事，只要多走路就會有創意出來，多走路可遇到很多人，可以看到很多事物，可以接觸很多東西，把這些見聞綜合起來，就可想出「創意」。所以說「創意」是用「腳」想出來的，而不是坐在斗室裡鑽牛角尖苦思想出來的。因此，電通的職員非常勤於走路，他們一遇到新奇的東西必駐足不前，觀看很久。看這個東西能不能活用在廣告上，所以走路走得多，也就看得多，聽得多，想得多，「創意」就可產生出來。深入想一想，這番話不無道理。

在廣告創意方面，不僅大眾傳播媒體的廣告需要「創意」，戶外廣告媒體也要傑出的「創意」。

本節所舉幾幅具有「創意」的戶外廣告，有的側重廣告的結構，有的側重廣告的文字，有的側重廣告的演員（talent）表現。這些具有創意的戶外廣告案例，對我們設計戶外廣告，可作啓迪「創意」的火花，激發「創意」的參考。

《柯夢波丹》(*Cosmopolitan*)雜誌在洛杉磯豎立一座5,516英尺方形三面大型看板。牌上有「盡情享樂的女性」(Fun Fearless Female)字樣,一家調幅(AM)廣播電台配合這座大型看板,為涵蓋半英里的半徑範圍,播放30秒的「盡情享樂的女性」廣告歌(CM Song)。戶外看板的廣告,與電台廣告同步進行。戶外廣告同時運用這兩種媒體方式誠不多見,可作擬訂媒體計畫之參考。
此一戶外廣告另一獨特之處,為從上端看是一寬一窄兩個看板並肩而立,使一幅男女相吻的鏡頭從中切斷,令人有欲吻不能之憾。
資料來源:AA雜誌

這是一幅勸小孩不要吸菸的公益廣告。廣告文案大意是：你對吸菸的害處知道愈多，愈容易跳越（香菸）阻攔，小朋友們不要吸菸。
資料來源：美國AK Media戶外廣告公司傳單

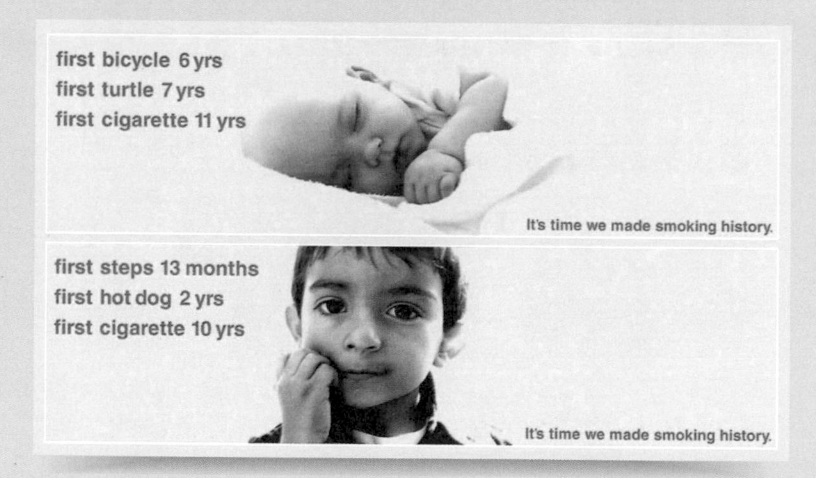

這兩幅戶外公益廣告，都是以消除菸害向青少年訴求，上幅廣告大意是：6歲開始騎腳踏車，7歲開始玩海龜，11歲開始吸菸。副標題寫道：現在應該徹底消除菸害。
下幅廣告標題大意是：13個月開始會走，2歲開始吃熱狗，10歲開始吸菸。副標題寫道：現在應該徹底消除菸害。
資料來源：*Advertising Age*

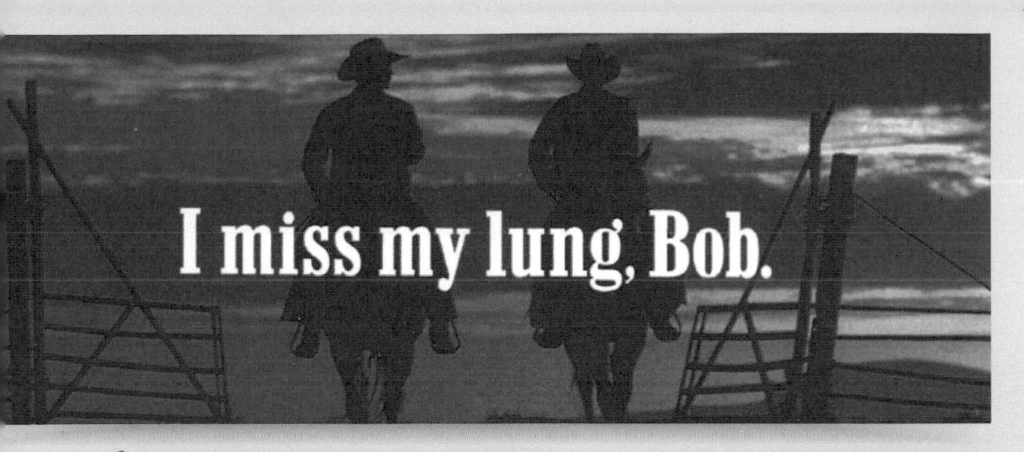

這是一幅勸人戒菸的公益廣告。乍看之下，一定認為是萬寶路香菸廣告，其實它是警告世人吸菸有害的公益廣告。這幅由Asher & Partners為加州健康服務機構設計的廣告，榮獲公共服務項第二大獎。

廣告內容以晚霞凌空為背景，一對牛仔裝扮的騎士，正騎著駿馬走向落日餘暉。稱兄道弟地說：鮑勃（Bob），「我懷念我的肺」（I miss my lung），他因為嗜菸如命，患了肺癌而被切除，我懷念它希望它能重生，但為時已晚。這便原本萬寶路的香菸廣告戲劇性地轉變成反菸廣告。

資料來源：Advertising Age, June 1999

乍看這個看板，怎麼這樣破碎不堪，是否被上方那輛汽車壓壞了？細讀廣告詞才知道，這個廣告妙處就在這裡，廣告詞寫道：「不要讓汽車付款使你的預算破產。」也可譯成「不要讓汽車付款破壞了你的預算。」正在「break」這個詞，廣告板裂了下來，廣告詞意和破碎的廣告板，恰好相互吻合，真是妙極。

按「break」一詞，可以譯成「弄壞」、「攪亂」、「破壞」、「減弱」、「惡化」等意義，總之，都和破碎有關。

這個以「Break You」為廣告主題的廣告，強調GMAC汽車價格便宜，人人都買得起，訴求主旨，一語道破。

這種廣告表現，主要讓行駛公路上的人們，「注意」這個廣告，如果只是四平八穩，平鋪直敘的看板，斷難引人注意。外國廣告可取之處，就是打破傳統，面臨廣告氾濫的時代，唯有出奇才能致勝。

資料來源：AA雜誌，April 1995

這是一家保險公司的公路看板，廣告設計非常有創意。榮獲Cresta Awards大獎，實當之無愧。
看板上寫道：「天有不測風雲！」(It Happens!) 意為意外事件隨時都會降臨你的頭上。從上圖可以看到看板上有東西，驟然由天而降，把這個大看板砸得七零八落，四角破碎不堪。中圖是另外一個大看板，整個看板都被打反了過來，以警惕世人，意外事件的可怕。下圖又是另一個看板，標題寫道：「什麼事都會發生。」(Anything Can Happen.) 看板上方被電線桿撞擊，破了一處缺口。
資料來源：AA雜誌

這是一個令路人驚訝的AEG牌吸塵器的廣告。畫面顯示一位年邁的老祖母模型，被強力的吸塵器吸在板框之外，文案寫道：「AEG吸塵器的吸力，難以置信。」
這種廣告表現雖略嫌誇大，但可收「注目」的效果。因為廣告效果來自AIDMA五階段，即注目 (attention)、興趣 (interest)、欲望 (desire)、記憶 (memory)、購買行為 (action)，而「注日」為達成購買的第一步，是提升廣告效果的首要因素。
資料來源：AA雜誌，September 1996

10-2 戶外廣告技術革新

今後產業界面臨「今日是王，未必明日仍是王」的激烈挑戰時代。無論任何行業，必須不斷革新，否則就會陷入存續絕亡之危機。因此，技術革新（innovation）不只是口號，必須要有「苟日新，日日新」的實踐作爲，方能在競爭中贏得勝利。

技術革新分爲五個階段：

第一階段：1788-1815年，以紡織、蒸汽機爲革新主軸。

第二階段：1843-1872年，以鋼鐵、鐵路之革新爲主。

第三階段：1897-1920年，以化學、電力、汽車、造船革新爲主。

第四階段：1950-1970年，以石油化學、自動化、原子動力之革新爲特徵。

以上四階段，是根據日本久保田宣傳研究所編印之《廣告大辭典》而分類的。

第五階段：1970年迄今，以電腦發展、光纖、積體電路、數位（digital）、科學、網際網路、塑膠化學等爲革新之主軸。

這一階段係作者鑑於近年科技發展，衍生出多方面的大革新所分類的。此一革新浪潮，迄今仍餘波蕩漾，精進不已。而在戶外廣告業方面，在製作技術上，亦因此造成空前大革新。例如戶外廣告之設計、圖形模擬，均賴電腦操作，如電腦分色、電腦噴印、電腦刻字，無一不賴電腦進行。不但加快了製作速度，更提升了作品品質。

另方面在廣告作品材料上，因塑膠化學之進步，塑膠立體成型綉字、聚乙烯（vinyl）品質之改進等，亦掀起了空前變革。

以下介紹幾幅有關戶外廣告製作技術革新之實例，如噴壓感光、玻璃光纖、電腦印刷等，以供參考。

車廂廣告已進展到晝夜都能看得見的驚人境界。右邊兩幅畫面，是同一個車廂廣告，一幅是在白晝，另一幅是在夜晚所拍攝的畫面。
美國一家ALD Decal公司，就有這種被稱為Scotchprint噴壓感光技術，這種技術能承擔魔術般地噴印的業務。它是利用大型印製設備，將彩色圖片直接噴印在卡車車廂，而且所有畫面能在夜間顯現，其亮麗程度勝過白晝。
資料來源：*Sign Business*, September 1997

外觀背光，文字光環效果。
資料來源：Super Vision International Catalog

色與光同時發揮效果，使消費者體認這家店鋪確實不同凡響。
資料來源：Milliken Inc. Catalog

這是美國一家著名的大型玩具連鎖店利用光纖作成店面的裝飾。光纖係最新的戶外廣告材料，除具有傳統的聚乙烯貼紙功能外，其光澤更亮麗，色彩更鮮豔。
資料來源：*Signs of the Times*, May 1994

這兩幅圖片，是玻璃光纖的產物。玻璃光纖（fiber optics）柔軟度高，可變換各種顏色，適合製作夜間照明廣告及裝飾，漸有取代霓虹之勢。
資料來源：Super Vision Catalog

這兩幅圖片，是一家光纖公司用光纖作材料，並以動態表現其逐漸顯現拼字效果，以符合其店名「拼字」（Spelled out）之涵義。
資料來源：*Signs of the Times*, April 1995

這是一種標準的光纖店面廣告（POP），用鑽石一般的（diamond-head）光纖，使視野角度更廣。
資料來源：*Signs of the Times*, April 1995

這是一家叫Signs Now的公司，向其連鎖店自我強烈推薦的室內display。
資料來源：*Signs of the Times*, April 1995

這是由光纖與霓虹組合製作而成的招牌，顯示Colorado廣場位置之所在，線條典雅，色彩協調，十分別致。
資料來源：*Sign Business*, September 1994

這是一家專門承製海報裱板的公司——The Universal Poster Panel System。以老虎頭部為背景的大型海報是用電腦印刷在聚乙烯塑膠布上，只用15分鐘的時間，就能嵌進看板上。
資料來源：*Signs of the Times*, May 1998

靈活運用滾筒混合技巧，能在聚乙烯塑膠布上呈現出類似噴刷效果，使文字活潑而具動感。
資料來源：*Sign Business*, August 1992

並無任何內在光源，僅憑發光塑膠材料而產生類似霓虹的映像，誠屬戶外廣告製作又一創新之舉。
資料來源：*Signs of the Times*, October 1993

這裡所介紹的四幅霓虹作品，是美國一家國際超級市場用高密度urethane為材料，刻製成立體圖形與文字，並飾以霓虹加框，造成古典浪漫的效果。
資料來源：*Signs of the Times*, September 1997

10-3 戶外廣告安裝工具機械化

在人工費用高昂的美國，不論任何行業無不重視機械設備，以減少人力，提升工作效率。這些工具設施種類繁多，例如卡車、拖車、起重機車、雲梯車等。以戶外廣告業而言，設備完整的廣告作業車爲不可或缺之工具，只要有熟習駕馭者，甚至一人即可操作裕如，效果之高可以想見。但在裝設廣告作業上，這些設施由於其體積龐大，駕駛不易，絕非一般生手所能勝任。最常用的有基礎工程用挖孔機、安裝戶外廣告專用的起重機汽車等。

如果戶外廣告遠離地面，甚至利用雲梯仍難裝架時，必須起用直升機從事複雜的空中裝置作業。美國規模較大的戶外廣告公司，就有這種機械化團隊組織，從事「戶外廣告售後服務」（after service）的維護工作。

升高機為戶外廣告公司必備之工具。本圖係工作人員利用升高機，於倉庫外牆裝置立體字。此種升高機之形式，值得業界購買時參考。
資料來源：*GEMINI Letters*, June 15, 1993

520型起重機是裝設大型戶外廣告必備工具，可任意伸展高度，便於高空施工。
資料來源：WILKIE MEG, Inc. Catalog

72R輕便型起重機。
資料來源：WILKIE MFG, Inc. Catalog

這是YESCO戶外廣告製作公司為Riviera製作的大型戶外廣告，Riviera是YESCO五十多年的老客戶。由此可見，唯有一流水準的製作品質，才能贏得客戶永恆的信賴。另方面一個稱職的戶外廣告公司，要具備先進的高空施工設備，才能勝任艱巨的作業任務。

資料來源：*Sign Business*, April 1993

10-4 戶外廣告製作邁入科學化

1986年左右，美國招牌設計製作的電腦軟體問世，自此招牌製作開始進入電腦作業。設計人員在電腦上，可任意設計成合乎客戶要求或喜愛的字形及效果。經由與電腦連線的繪圖機（plotter）刻畫在各種顏色的聚乙烯膠布上，撕下後貼在各種材料上，即完成美觀耐用的各式招牌。

時至今日，由於電腦軟體不斷革新，輔以其他高科技設備如掃描機（scanner）等的運用，經由電傳（fax）和網際網路可立即與客戶保持聯繫，傳送設計圖樣，大大地縮短了製作時間。因此，招牌廣告設計製作，繼照相沖洗、分色印刷之後，已步入快速科學化服務的行業，以往由手工繪製的招牌廣告，已由高科技電腦所取代。

10-5 戶外廣告製作與電腦藝術

電腦在戶外廣告製作上應用廣泛，是戶外廣告製作公司不可或缺之重要設備。因爲它透過電腦程式，可創造各種形象。凡標誌圖形、圖案文字（logotype）、視覺模擬（virtual reality）等，無不借重電腦，故有所謂電腦輔助製作（computer aided manufacturing）之稱，即將電腦技術延伸到戶外廣告的製作過程上，利用電腦技術的一貫作業，可以提高設計美化效果，減低製作成本效益。

電腦自1946年問世以來，在廣告設計製作領域裡，不斷擴展應用範圍，使電腦藝術（computer art）蓬勃發展。

電腦雖無思考能力，但透過人腦把想要繪出的圖形，將其程式化，然後輸入電腦，經過電腦演算，將演算結果由自動畫圖機（plotter）絲毫不差地描繪出來，故稱之爲電腦藝術。但此種藝術有賴電腦軟體（computer soft ware）之助，否則，亦難竟其功。

目前美國戶外廣告業對電腦設施不斷汰舊更新，否則，不能負荷新的需求。因爲電腦自問世以來，到1958年，使用眞空管（diode）運作，稱爲第一代電腦。其後改用電晶體（transistor），稱爲第二代。到了1965年開始使用積體電路（integrated circuit，簡稱IC），稱爲第三代電腦，現在正向第四代革新進展。

電腦的主要結構爲輸入輸出裝置。電腦繪圖所要使用的各種輸入設備，包括電腦的鍵盤（keyboard）、滑鼠（mouse）、掃描器（scanner）、影像錄影裝置（video-camera）等。

電腦繪圖所要使用的各種輸出設備，包括印刷機（printer）、影像儲存機（film-recorder）、磁碟片（magnetic disc）等，這些設置缺一不可。

10-6 電腦繪圖

電腦繪圖（computer graphics）從廣義而言，是指在製作過程中，以某種形式使用電腦的所有映像而言。

狹義的電腦繪圖是指透過電腦程式創造出的映像，故稱電腦所產生之映像（computer generated image，簡稱CGI）。

電腦繪圖的種類和應用範圍，可按使用場合、機關、設施或按領域和目的區分，也可依表現方法和看法來區分。例如以場合和機關區分時，有從事行政計畫的政府、用於商業繪圖的公司、推展視聽教學的學校。其他在醫院、電台、研究機構等，無不使用電腦繪圖。依使用目的區分時，有製造、設計、商品時使用，或用於教育、視覺傳播（visual communication），作爲研究學問的輔助工具。以領域別而言，又有不同的分法。以表現方法和看法區分時，有靜畫與動畫之分，以及線框（wireframe）或立體模型畫像之分。

換言之，電腦繪圖無法作劃一性的定義，其多樣性的定義正是電腦繪圖最大特徵。其0與1的無限組合，有時可達成自動化，有時可創造出既有的方法無法表現的映像。

若將電腦繪圖用於戶外廣告設計者或美工設計者的設計表現工具時，尚有許多特殊功能及可能性。

電腦可將使用者創作輸入的訊息，做變形或大小的圖像處理，其成果甚至有時會超越創作者技術、經驗或想像的界限。

另外，電腦可實現比單位時間內更多的組合，對具有判斷何者有美感、何者能產生更佳作品之感性的創作者而言，電腦繪圖著實是空前的得力助手。

當然目前的電腦繪圖技術中，尚存有許多問題有待解決。然而若能善用電腦，則上述的可能性都有實現的可能。

爲達成適合戶外廣告創作者完美的電腦繪圖技術，端賴今後電腦工程師與戶外廣告創作人員共同研發合作。

製作戶外廣告，常用各種花紋飾條增加作品美化。Kafka精於用筆畫各種花紋飾條，每種花紋均為隨興之作，沒有一種相同，Kafka已將所有作品存入CDROM，出版專輯，使用者可隨意自電腦中輸出使用。
資料來源：*Sign Business*, December 1997

古典式花紋藝術

經設計者修剪之花紋藝術

10-7　大型彩色戶外廣告製作科技

◎大型數位影像複製技術

大型數位影像複製技術（large format digital imaging technology），爲彩色印表機技術的延伸，運用高解析度的彩色影像掃描器（high resolution scanner），加上適當的電腦軟體，再接上大型彩色印製機（large formal digital printer），即可進行彩色原稿的複製操作，可將彩色圖形印製在透明的mylar或白色的聚乙烯（vinyl）貼紙上，即可製成彩色透光燈箱外罩或一般彩色招牌。

現今歐美各國的廣告招牌製作，大多經過電腦設計，然後以切割機將設計的文字及圖形，刻在各種顏色的vinyl貼紙上，製成各式招牌看板。但此種vinyl材料，僅能製作單色文字或圖形，無法印製全色調（full color）的彩色廣告招牌，例如彩色照片。

近年來數位化印表機（digital printer）已逐漸步入彩色階段，但僅

大型影像複製系統。
資料來源：樊震，〈大型彩色戶外廣告製作新知〉，《國華人》，355期

限於印製粗糙圖形，其品質無法與連續調（contineous tone）的照片或四色的中間調（half tone）印刷相比擬。

目前電腦軟體已具分色、修稿、修色、組版等各種影像處理的功能，只要擁有一台高解析度的筒形彩色掃描器（drum scanner），即可將彩色原稿信號精確地轉換成數位資料，數位資料一旦輸入電腦，經由電腦軟體的操作，製成各種所需效果，再將數位信號輸出至大型印表機，經由各種著墨技術印製在不同的材料上，即完成彩色影像複製過程。

◎彩色影像印製著墨技術

目前大型數位影像技術發展的最大癥結，就是印製機的著墨技術問題，一般而言，彩色著墨方式有三種：(1)靜電著墨技術（electrostatic technology）；(2)加熱著墨轉印（thermal transfer）；(3)噴墨著墨技術（inkjet technology）。

上述三種著墨技術，僅靜電著墨可抵擋太陽中的紫外線，在室外經年照射不會褪色，可用於戶外廣告欄或招牌。其他兩種著墨方式僅能供室內短期的展示牌或海報用，唯靜電著墨設備昂貴，製作費用不低，未被市場普遍接受。

數位彩色印製的原理與彩色印刷相同，使用黃（yellow）、洋紅（magenta）、青（cyanine）、黑（black）四種顏料，重疊印製網點形成彩色影像。

不同著墨方式可印製於不同材料上。數位彩色印製適合小量單張多樣的印製作業，如尺寸特殊的海報、展示品（display）、POP、燈箱外罩、汽車美工（graphic）等。

如上所述，大型數位影像製作最大障礙在著墨技術，目前已有多家科技公司正全力研究開發，一旦在此方面有所突破，數位影像製作在廣告招牌製作上勢必扮演重要角色。

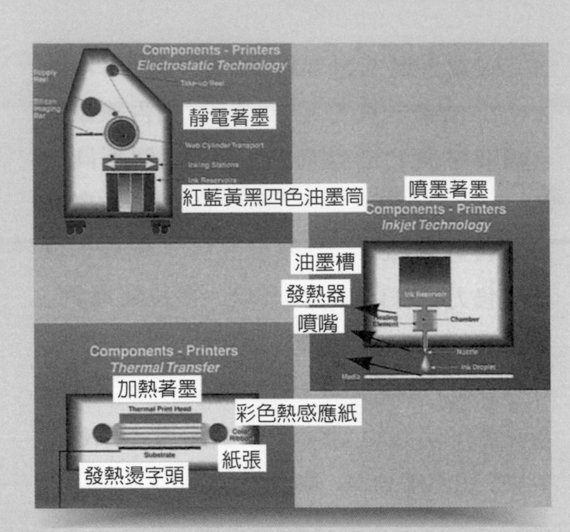

彩色影像印製機。
資料來源：樊震，〈大型彩色戶外廣告製作新知〉，《國華人》，355期

PRO 600e大型彩色印製機。
資料來源：ENCAD Extreme Printing Advertising

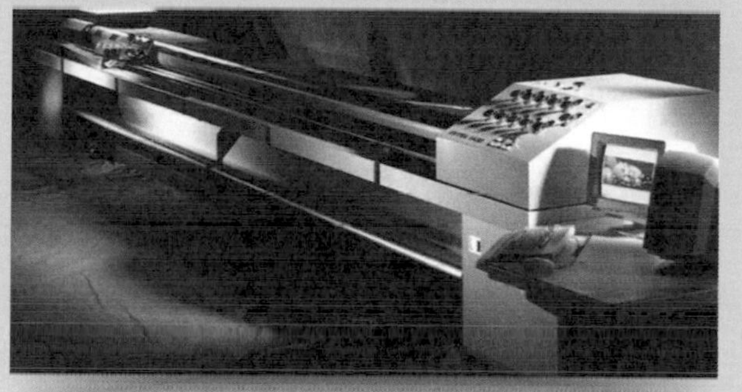

美國製作大型彩色看板，採機械化自動作業。全部利用電腦控制，上列係電腦印製設備兩種型號。由於大型看板在美國被視為最有效之戶外媒體，大型看板印製設備需求日殷，促使更新腳步加快，故不斷有最新型號應市。
資料來源：*Signs of the Times*, May 1994

美國戶外廣告製作設備不斷汰舊更新，本圖係新型電腦切割機，用作切割彩色聚乙烯（vinyl）不可或缺之重要設備。
資料來源：*Signs of the Times*, May 1994

第十一章

戶外廣告製作實務

Outdoor Advertising Design / Production

11-1 戶外廣告色彩的選擇

當製作戶外招牌時，選擇色彩除了注意顏色的對比與醒目外，還要考慮看招牌的人及其心理因素。色彩的運用，是設計者主觀的決定，並無定規可循，據研究顯示，某些顏色對人們確實會產生情緒性的反應，當運用這些色彩時，宜加注意。茲將各種色彩對消費者心理之影響申述如下：

(1)紅色表示積極、興奮、快速、果斷、大膽、熱情。故速食連鎖店大半使用紅色來顯示熱情、新鮮（如肉類）和行動快速。

(2)黃色亦常爲速食店所採用，以製造友善迎人的氣氛，尤其略帶紅色暗影的黃色，效果更佳。

(3)綠色通常與生命相連，因此，暗示年輕、活力和清純。它是自然界的主色，充滿了生命力與和諧感。

(4)藍色象徵冷冽，予人尊貴、沉穩、冷靜、智慧之感覺，較不適宜一般餐飲與零售商店。但用於銀行、高科技等大型公司行號，足以顯示其穩定、平靜、可靠之特性。

(5)紫色寓有忠心、高貴、豪華的意味，唯能見度不佳，不適宜用於公路標誌。但對欲強調個人服務的行業，如美容院等，特具功效。

(6)棕色是一種土地色彩，它代表自然與力量，常令人聯想到牧場和農田。有些餐飲店、木器家具店常用棕色，以表達其產品與木頭的關聯性。

(7)白色在西方社會表示純潔無私，用在招牌上可代表純淨、聖潔。

(8)黑色給人深沉、低調之感。使用得當，可增加特殊效果。

色彩的應用與選擇，尚有許多主客觀因素需要考慮。例如不同的文化對顏色有不同的詮釋；不同教育程度、性別、年齡、家庭收入、職業的人，對某些顏色都有特別的偏好和禁忌。因此，當選擇色彩時，宜考慮實際觀看戶外廣告者及其背景和條件，應挑選最能討好他們的顏色。據研究顯示，年老消費者比較偏好藍色，男性喜愛深色，而女性則偏愛淡淺色。此外，收入較低者喜愛明亮無摻合的純本色，而經濟條件優越的消費階層，則偏愛經過調配的色彩。兒童對某些明亮的色彩特別敏感，如紅色、黃色等，因此，麥當勞的商標招牌即以紅黃為主，以便吸引更多的兒童消費層上門。

11-2 戶外廣告色彩的顯眼程度

毋庸置疑，色彩在戶外廣告設計上，有絕對的影響力。它與消費心理、消費者情緒有密不可分的關係。以國人而言，紅色表示憤怒，藍色表示憂鬱，黃色則蘊涵膽怯。

據多項研究顯示，戶外廣告之色彩，其能見度之大小，主要取決於字體顏色與背景顏色的對比差異如何，以顯眼程度而言，黃底黑字最為醒目，其次為白底黑字，其他顏色組合，按顯眼程度大小，依次排列如下：

(1)黃底黑字　(2)白底黑字　(3)黑底黃字　(4)藍底白字
(5)藍底黃字　(6)白底綠字　(7)黃底藍字　(8)綠底白字
(9)褐底白字　(10)黃底褐字　(11)白底褐字　(12)褐底黃字
(13)白底紅字　(14)紅底黃字　(15)黃底紅字　(16)紅底白字

因此，戶外廣告宜用深濃醒目或對比強烈的顏色，方能在遠距離或高速行進或短時間內引人注意。

平面印刷廣告、藝術品或圖片，適近距離觀賞，有時使用淡色或細紋（subtle colors）可增加氣氛。但看板或招牌大半屬室外廣告物，宜遠看不宜近賞。當設計時，掌握色彩之對比差異，實為成敗之關鍵。

11-3 戶外廣告文字設計

凡以組合、重現為目的的活字字體（typeface），為達到傳達訊息的可讀性以及視覺美感之目的，字體設計（typeface design）必須具備明確的設計概念。

決定活字字體性格的要素有：(1)線率：即縱線與橫線之比；(2)要素的表情與曲線的線質；(3)腰部的寬度：英文字指高度；(4)文字的重心；(5)文字的排列。

中文字體設計的種類與技巧非常多，就其常見而言，有下列方式：(1)美術字設計；(2)空心字設計；(3)組合式文字設計；(4)立體字設計；(5)連接式文字設計；(6)投影式文字設計；(7)花式文字設計；(8)趣味性文字設計；(9)造型圖案文字設計。

中文字體的大小，在照相打字中以「級」為單位。一級是1/4mm（0.25mm），也就是說1級字等於邊長0.25mm的正方形。最大級數甚至超過100級以上。戶外廣告所用的中文字，多係較大級數。

英文字體則以點數（points）為計量單位，點數是指字的高度，即1 pica=12 points，1 inch=6 picas。

11-4 中國文字之優越性

中國文字從象形圖像到現在電腦中文各種字體，其基本結構是以天地萬物為起源而有其生命美感。因此，它本身就是語言的工具。充滿剛柔、雄健、豪邁的個性，自古以來，各種書法如鳥書、蟲書、魚書、蝌蚪書等，都是從具象演變成裝飾圖形，而成結構意象之美。

中國文字，不論楷、行、草、篆、隸，只要注意佈局空間，以筆墨濃淡大小變化，在適當方位淋漓揮灑，以含蓄、收斂細加研磨，在各種不同廣告媒體中，如傳單、海報、報紙以及文案標準字等均可運用，但宜注意中國自有的民族風格，配合現代視覺文化，尋求文字生活化和商業化的高層境界。

11-5 戶外廣告中文字體選擇

◎字體

中國字體種類繁多，戶外廣告用何種字體，設計者應先對字體多作研究，詳閱字樣，再斟酌何種字體最能引人注目。

◎字的大小

字的大小，要看戶外廣告文字部分空間大小，衡量決定。

◎字的變體

利用二十四種鏡頭，和三種變形鏡頭，能將中國字作長體、扁體、斜體等字體變化，所以一個字能變出六百多種不同字體，你的廣告要平體、長體、扁體或是斜體，全由設計者以看廣告者的立場，選擇易於辨認、悅目的字體。

◎字的空間

視整個戶外廣告的空間，決定字之大小、字間、行間之距離。

◎照相打字字體種類

(1)細明朝體——LM細明；(2)中明朝體——MM中明；(3)粗明朝體——BM粗明；(4)細黑體——LG細G；(5)中黑體——MG中G；(6)粗黑體——BG粗G；(7)特粗黑體——EG特粗。

字體對照

明體　圓體　黑體　楷書　隸書

中國書法範例

王獻之《淳化閣帖》部分書法。王獻之係晉朝書法家王羲之之子，父子均以書法聞名，世稱書法「二王」。

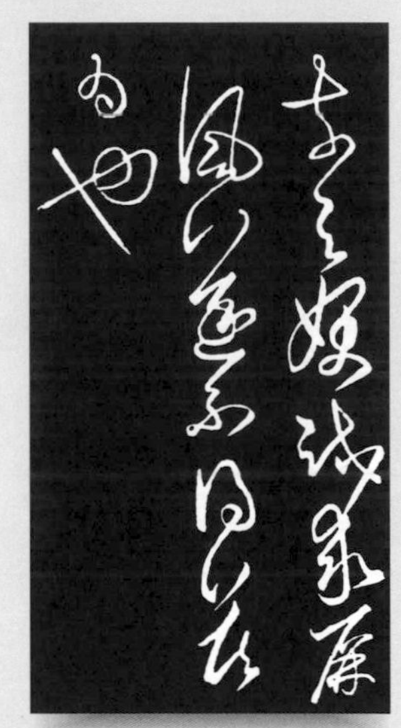

中國書法之美，成為中國傳統文化的一部分，本資料自石刻摹印下來，落筆如行雲流水，揮灑自如，堪稱一絕。

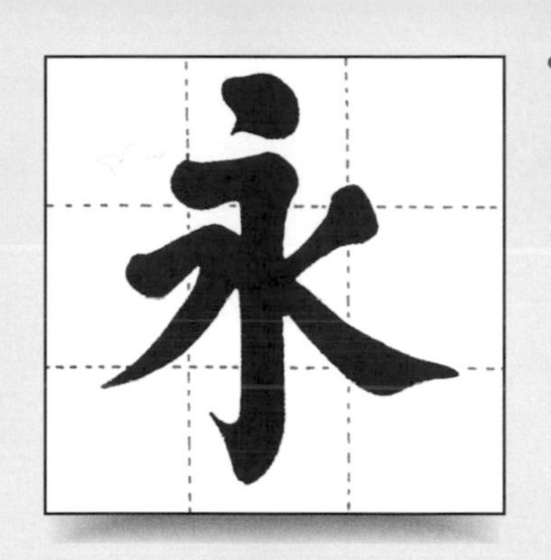

中國文字，楷書講求均衡平穩，行筆運墨，剛毅有力。草書則行雲流水，飄逸灑脫，天馬行空，放蕩無拘。

11-6 戶外廣告英文字體選擇

字體粗細及排列是否恰當，攸關看廣告者的心理，以下是注意要點：

(1)英文字體的字母，微向右揚，通常表示肯定、積極。反之，字母向下斜，令人聯想到沮喪、退縮。

(2)纖細的字體通常暗示簡單、中庸、纖弱。粗體字代表自信、有力、權威。

(3)一般而言，壓縮的字體，令人感到閉塞、保守、不易親近。而拉長的字形則予人以友善、開放的感覺。

(4)英文的大寫字母與小寫等高或微高時，予人以謙和、簡明的印象。大寫字母較高則顯得自重與自傲，過高卻又表現得狂妄、自大。

(5)有稜有角的字形，予人以明快、有力之感，而圓形字體則顯得庸懦無力。

(6)招牌上的英文，一般習慣於全部大寫，事實上，根據研究顯示，大小寫混合在一起，更易於辨認閱讀，因為它較接近打字

Avant Garde Medium
ABCDEFGHIJKLMNOPQRST abcdefghijklmnop 123456789
Futura Medium
ABCDEFGHIJKLMNOPQRST abcdefghijklmnop 123456789
Garamond
ABCDEFGHIJKLMNOPQRST abcdefghijklmnop 123456789
Goudy
ABCDEFGHIJKLMNOPQRST abcdefghijklmnop 12345678
Helvetica Medium
ABCDEFGHIJKLMNOPQRST abcdefghijklmnop 12345
Helvetica Regular
ABCDEFGHIJKLMNOPQRST abcdefghijklmnop 123456
Optima
ABCDEFGHIJKLMNOPQRST abcdefghijklmnop 123456
Palatino
ABCDEFGHIJKLMNOPQRST abcdefghijklmnop 12345
Times New Roman
ABCDEFGHIJKLMNOPQRST abcdefghijklmnop 123456
Universe 57
ABCDEFGHIJKLMNOPQRST abcdefghijklmnop 123456789
Over 300 other typestyles are available.

這是美國Nelson-Harkins公司，將一般通用的英文字體，和阿拉伯數字互相搭配。選好英文字體，即自動對應阿拉伯數字。不必再煞費苦心，一一比對。
資料來源：Nelson-Harkins Catalog

Aachen BT BOLD
Ariel
Ariel MT BLACK
Avant Garde Bd BT
Avant Garde Bk BT
Avant Garde Md BT
Aurora BT
BALLOON BD BT
BALLOON XBD BT
Bodoni Bd BT
Bodoni ITALIC Bd BT
Bookman ITC Bd BT
Bookman MDBd
Brush 738 BT
Brush Script BT
Clarendon BlK BT
Commercial Script BT
Cooper Blk BT
Dom Bold BT
Dom Casual BT
Dom Dioagonal Bd BT
Dutsch 801 X Bd BT
FlareSerif821 LtBT
Futura X blk BT
Futura MdCn BT
Formal Scrp421 BT
Freehand471 BT
GeoSlab703 XBdBT
Gothic725 BdBT
GothicNo13 BT
Helvetica
Hobo BT
Kabel Bd
Kabel Ult BT
Lydian Csv BT
News701 BT
Normande ItBT
Normande BT
Park Avenue BT
Playbill BT
Raleigh XBdBT
Revue BT
Schadow BlkCnBT
Schneidler Blk BT
Seagull HvBT
Serifa BdCnBT
Serifa BlkBT
Souvenir BdBT
Souvenir Md BT
Square 721 BDExBt
STENCIL BT
Swiss 721 Blk ExBt
Swiss911 UCn BT
Times New Roman B
Zurich BlkExBT

美國各媒體中常見之圖案文字（logotype）字體。
資料來源：The MB Line 1998

美國各媒體中常見之圖案文字（logotype）字體。
資料來源：HFM (Hachette Filipacchi Magazines) Catalog

的印刷刊物。

以上之注意要點，係以英文字母為衡量依據，如換為中國文字時，亦多類似之處，如何運用，須靠廣告設計與製作者作客觀的判斷。

11-7 立體字型鑄模過程及字型實例

壓製立體霓虹字型鑄模過程如右圖。

立體廣告字型，按其材質及製作方式而各異，以材質而言，有壓克力塑膠、銅鋁等金屬質料。從製作方式而言，有壓模、網印、雷射切割、射出成型等方式。分別舉例如下頁圖：

圖A 電腦設計字型。

圖B 立體塑膠字抽空製作情形。

圖C 高溫熔解赤銅灌模製字情形。

圖D 壓製立體霓虹字型的鑄模。

資料來源：GEMINI Incorporated產品目錄

塑膠壓模字型

高壓水柱切割金屬字型

壓模鋁質字型

透明壓克力網印字型

雷射切割壓克力塑膠字型

立體霓虹彩色字型

塑膠射出成型字型

化學銅鑄字型

資料來源：GEMINI Incorporated產品目錄

銅質24”×10”隆起，文字及邊緣光亮如鏡，背底著色。
資料來源：A. R. K. RAMOS Catalog

本圖係整體赤銅鑄造，並以鞣皮(pebble)襯底，一般多用於紀念碑上。
資料來源：A. R. K. RAMOS Catalog

本圖為各類金屬字型，以機械切割而成。切割可用一般電腦控制，惟效果較為粗糙，僅適合大型字用。另可用高壓水射，字型較精確，適用於小型字及精細圖案。另有雷射切割，更為精準。
資料來源：A. R. K. RAMOS Catalog

資料來源：A. R. K. RAMOS Catalog

塑膠壓模著色字型，適用於工業用品，如汽車、冰箱等。
資料來源：Hueter Toledo, Inc.

11-8 電腦立體雕刻招牌程序

在美國以雕刻方式製作招牌行之有年，但最近更加盛行。因為經過雕刻的招牌，呈現立體凹凸感，美觀典雅，精緻醒目。由於科技進步，這種雕刻招牌藝術已導入電腦化，而且一貫作業。茲介紹4英尺×8英尺電腦立體雕刻機（computerized router）如圖A，其雕刻程序如下：此機之主要功能，在於經過雕鑿，彰顯各式字形圖案立體效果，如圖B所示，設計人員用電腦設定字形、圖案或logo之尺寸、深度。雕刻機根據所設定的圖樣自動切割，雕鑿成所要的圖形。

通常此機適用之材質為紅木或人造發泡塑膠（sign foam），雕鑿完畢後，即可噴漆如圖C。或以手繪上色如圖D，完成最後的成品如圖E。

圖A

圖B

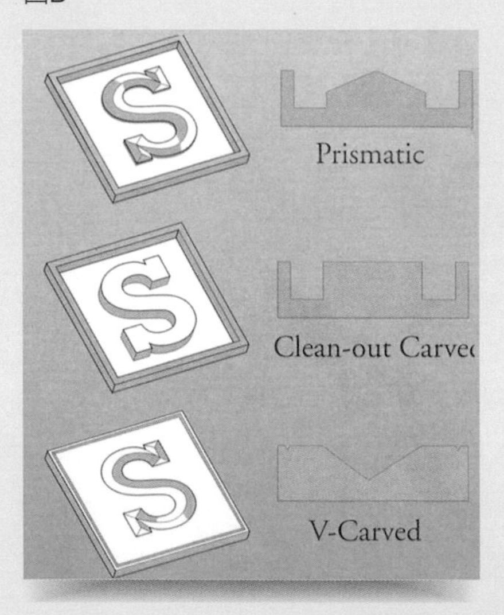

圖C

圖D

圖E

資料來源：Jack Parks & Sons, Inc. 產品目錄

11-9 戶外廣告業應用數位相機實例

在美國戶外廣告業中，數位相機（digital camera）的運用已逐漸普遍。一般而言，數位相機在戶外廣告企劃階段，用作模擬現場實景，能使模擬效果宛如眞實情境。

如下頁圖A爲原本現存之燈箱招牌，客戶欲上面黃色燈箱上移，然後在原來位置，加裝一個與原燈箱尺寸相同的新燈箱如圖B。用數位相機在現場拍攝實景後，再用photo shop或其他相關軟體，將圖像輸入電腦，即可設計出客戶所需要的實際效果。

此一過程，可使客戶在觀感上，對將來燈箱之設置，預作揣摩、作爲評估之依據。質言之，使用數位相機可將所模擬之結果，與實際作品之誤差降到最低。

圖A

資料來源：樊震

11-10　塑膠布條製作

塑膠布條（banners）爲短期或臨時宣傳及促銷的一種理想工具。由於製作簡單，材料便宜，懸掛及運送方便，大小自如，伸展性大，所以用途極廣。一般聚會、商展、商店促銷、政治宣傳、選舉、選美活動、球賽現場、慶典活動等均爲塑膠布條普遍使用的最佳場合。尤其於店頭做爲促銷活動（event）告知，最爲常用。

塑膠布條的材料，視使用場合，一般分爲室內及室外兩種。室外材料通常爲聚乙烯（vinyl）製成，可防水防曬。依面積大小可選用不同厚度（100Z、120Z、130Z、160Z、180Z等）及顏色。室內材料多半使用尼龍（nylon）布料，其特色爲質輕柔軟，質感較佳，適合室內商展及裝飾，但不耐日曬雨淋。

其製作方法，通常使用電腦設計圖樣及字形，再以切割機照設計圖樣，用彩色vinyl切割成圖形及字樣，然後貼敷在塑膠或尼龍布條上。

塑膠或尼龍布條，可視需要將尼龍繩車入再打洞孔（grommets）以便張掛，若室外塑膠布條太大（15英尺寬以上），應打若干通風孔，以便減少風阻。塑膠布條的圖樣亦可網印，當客戶需量較多，式樣一致或圖樣帶有網點，或YMCK四色全彩，均應網印或以數位印刷（digital printing）爲之。

若布條形式采垂直懸掛，則稱之爲垂直布條（vertical banner）。是一種在店頭或店內爲告知來客所用的縱長形垂幕。主要以布爲材質，但近來使用合成紙或膠片的情形也相當多，印刷也由印染到凸版印刷、照相凸版印刷都有。因爲是由上往下垂直懸掛，上下必須以管子固定，並用繩子綁好。在類型上有在店內使用的小型垂直布條，也有戶外的特大型垂直旗幟布條。

澳洲一家招牌公司花了21小時製成此一六層樓高的巨幅布條。布條高60英尺，寬27英尺，共用40小時噴畫，花了一整天的時間才裝置完畢，其巨大的程度可見一斑。
資料來源：*Signs of the Times*, January 2000

塑膠布條（banners）是戶外廣告最重要的工具之一，在促銷活動（SP）上，扮演成敗關鍵。因此，塑膠布條對戶外廣告公司而言，在業務上是承攬頻繁的日常工作。

塑膠布條所用質料種類繁多，全色網印或文字切割，製作方法不同。

在圖案表現上，隨季節變化，花樣翻新，各有不同，茲舉春夏秋冬banner圖案設計實例，藉供參考。

資料來源：*Creative Banner*, Fall/Winter 1998

春季banner圖案實例

夏季banner圖案實例

秋季banner圖案實例

冬季banner圖案實例

11-11 磁質廣告製作

磁質吸鐵（magnetics）為十分經濟簡易的招牌或標誌的製作材料。當然它的先決條件必須以金屬作底，以便吸附。所以磁質吸鐵通常用在商業車輛的車身，作為臨時認證的標誌。一些小型企業商務用車輛，事實上是私家用車改裝，當外出從事商務活動時，臨時將公司標誌「貼在車上」，作為商務車輛，當公務完畢後，可以順手取下，恢復私用車輛面貌。

磁質吸鐵廣告的製作過程十分簡單，與一般聚乙烯（vinyl）材料製作無異。圖案文字經電腦設計排列後，用vinyl切割機將vinyl切成所需顏色後，再按設計圖樣貼在磁質吸鐵上即可。

車輛使用磁質材料時，為了減少車輛高速行車時的風阻，磁質吸鐵的四角，最好不要直角，以圓形為佳，以免因強勁的風速磨擦而脫落。

11-12 標籤設計與製作

標籤（label）係表示包裝容器或包裝本身上的商品標號、商標、商品性質及使用方法等的籤子。標籤種類繁多，按其張貼部位或容器名稱不同，有所謂桶上標籤（band label）、盒上標籤（box label）、罐上標籤（can label）、蓋上標籤（cap label）、頂上標籤（top label）以及背上標籤（back label）等。

標籤設計（label design），係美工設計（graphic design）的範疇，但戶外廣告公司經常接受客戶委託，按照客戶既有之標籤圖形及文

資料來源：*SETON Identification Products*, Summer/Fall 1993

字，用各種材料，製作或大或小之看板。上面標籤圖形，可供參考。

11-13 標誌設計

◎標誌的特性

在企業識別的視覺設計中，出現頻率最高者，首推企業標誌(signs)，標誌不僅具有視覺設計的主導力量，也是統合所有視覺設計的核心，更重要的是，標誌在消費者心目中是企業品牌的同一物。其特性如下：

1.識別性：是企業標誌的基本功能。因爲設計的題材豐富，表現的形式海闊天空，透過全盤性的規劃與設計，所創造出來的造型符號，具有獨特的風貌與視覺衝擊力，成爲識別企業和其商品的重要依據。

2.表徵性：標誌代表企業理念、公司規模、經營內容、產品特質，是企業經營精神的具體表徵。

3.認同性：標誌不僅具有傳達企業資訊的效力，更影響到消費者對企業形象與商品品質的認同。

4.時代性：標誌必須順應時代潮流，求新求變，勇於創造，避免企業印象日益僵化，陳腐過時。一般標誌的改變以十年為一期，到期企業就應加以檢討，考慮是否需要改進。

◎標誌設計的形式

標誌設計的題材，主要分為文字標誌與圖形標誌。其中又可細分中英文、全名、字首、具象、抽象圖案等區別，以下就標誌設計的形式加以說明：

(1)以企業、品牌名稱為題材。

(2)以企業、品牌名稱的字首為題材。

(3)以企業、品牌名稱與圖案組合為題材。

(4)以企業、品牌名稱的涵義為題材。

(5)以企業文化、經營理念為題材。

(6)以企業經營內容與產品造型為題材。

(7)以企業、品牌的傳統歷史或地域環境為題材。

總之，標誌設計，要具有時代性。世界知名企業，不乏隨時代變遷變更標誌形式之實例。其結論概括如下：

第一，保留舊有標誌部分的題材、形式，以兼顧消費者對企業、品牌的認同感與信賴感。

第二，標誌的造型、圖案，力求簡潔、明確、易認，擺脫過去寫實、複雜的具象圖案。

第三，字體標誌（logo mark）的設計形式，有逐漸盛行的趨勢。

國際通用標誌圖例。
資料來源：Canadian Standards Association (CSA)

11-14 戶外廣告的招術

戶外廣告媒體，一如大眾傳播媒體，扮演著傳播公共服務（public service）的角色。在廣告學領域裡，凡是以公共服務爲主題，不以私利爲著眼的廣告，均屬公益性質的廣告。以美國而言，這種廣告多由廣告審議機構（Advertising Council）推動，或由公共服務團體（Public Service Institution）主辦。例如美國善待動物協會（PETA），是維護動物權益的團體，就曾在威斯康辛州乳業重鎮——艾普頓和奧史可史，推出兩個大型反牛奶的看板，呼籲大眾以啤酒取代牛奶，共同維護乳牛健康。

2001年10月，美國公民自由聯盟（ACLU），在紐澤西州伊莉莎白新州公路收費站旁，豎立一個極為醒目的大型看板。鼓勵曾遭紐澤西州州警種族歧視攔檢少數族裔的汽車駕駛，應當鼓起勇氣，仗義執言，打電話向ACLU投訴，以便向州警當局抗議追究。

美國是容納多種族裔的國家，對少數族裔視為弱勢團體，凡涉及弱勢族裔的權益，特別重視，稍一不慎即可能被控種族歧視。故在政治、教育、宗教等各方面，儘量予以禮讓優遇，以示各民族一律平等。而ACLU所豎立的看板，對州警而言，是一大諷刺和挑戰，但又無法取締。為了捍衛州警的清譽，州警當局也不甘示弱，別出奇招，反制ACLU。就在該公路收費站旁，豎立一個與ACLU同樣大的看板，牌中文案大意是：鼓勵來往這條公路的汽車駕駛們，打電話告知曾受過紐澤西州州警幫助的善行義舉，以便嘉獎表揚。

Outdoor Advertising Design / Production

第十二章

戶外廣告世界巡禮

12-1 美國的戶外廣告

在美國的所有廣告媒體中，戶外廣告正脫穎而出，成為其中的重要部分。美國戶外廣告成長的原因一方面是由於新廣告主的增加，另一方面則是由於舊廣告主再度回頭利用戶外廣告。

這種發展其來有自，你不妨回想一下最近常看到的一些字眼，如「媒體轉換」、「媒體比較」、「頻率效果」等，這些對傳統廣告的評語，都顯示著戶外廣告已日受重視。同時，在目前其他媒體費用正在加倍上漲聲中，戶外廣告仍能一枝獨秀，這是理所當然的。

據美國戶外廣告及人口統計研究指出，花相同的代價做廣告，戶外廣告的效果，要比其他媒體來得長遠而快速。因此，現在的廣告主選擇媒體，已有了新的認識，能以平等的地位把戶外廣告考慮在內。

戶外廣告的成長，另一個原因，就是它可以低廉的費用，預估廣告效果。美國戶外廣告協會（Institute of Outdoor Advertising）與電信研究所（Telcom Research）聯合發現一種新的廣告測試方法，可在廣告主刊登廣告之前，先利用戶外廣告估計所能產生的效果，然後檢討取捨。

戶外廣告所產生的效果，也受到藝術界的注意，在加州，戶外的海報欄常被利用來做旅行導遊展示，或展示當代藝術家的作品。據統計，參觀過這類展覽的人數，並不亞於參觀全國最大博物館所展出的古埃及木乃伊的人數，因為戶外展覽的參觀者不必排隊，有時甚至不須下車，即可飽覽無遺。

關於戶外廣告的未來，《紐約時報》有篇報導說：目前菸、酒、汽車等廠商，仍是戶外廣告最大的客戶，此外，食品、藥品、化妝品也逐漸加入這個行列。因此，在廣告費不斷上漲、廣告主不斷尋求新的媒體之際，戶外廣告的遠景，是非常光明而不可限量的。

◎美國戶外廣告的現狀

戶外媒體（outdoor media）在美國本土任何地方都可購買得到，作全國性或地方性的任何配置。因爲在一個特定地理範圍只能買一個廣告單位，戶外廣告的確是一般媒體形式中最有地方性的媒體。

有極大數目的「家庭外媒體」（out of home media）可資利用，以下是普遍的戶外媒體型態：

1.海報廣告看板（poster panel）：爲戶外廣告建築物，其上可展示預先印刷好的廣告。此種廣告看板使用最廣的爲標準海報廣告看板（standard poster panel），稱爲「滿板」（bleed）、「30全張」（30-sheet）或24全張（24-sheet），「全張」係指當初所需鋪滿看板範圍的紙張數目。

小型海報廣告看板（junior panel poster），約爲標準海報廣告看板的四分之一大小，完全用機械由30全張海報改作而成。

2.油漆看板（painted bulletins）：爲戶外廣告建築物，用油漆顏料將廣告直接塗在上面。

(1)固定油漆看板（permanent painted bulletins），此種看板是在購買契約期間（通常以一年爲一期），廣告始終保留在一固定地點，較之海報有更大視覺衝擊力。

(2)巡迴油漆看板（rotary），此種看板在指定間隔日期，通常爲30、60或90天，將其遷移到同一市場內的新地點。此種看板可以個別或整批購買。

此外，家庭外其他媒體，尚有三明治看板（sandwich boards），即用兩塊小型看板懸於人體前後，在馬路上行走，引人注目，因爲把人夾在板內，猶如三明治，它可用於百貨商場展示（shopping mall displays）等。

這六幅固定油漆招牌的製作方法與衆不同，先塗油弄滑作底，再將畫面上釉（enamel），由Lee Contreras, Steve Forwood, Mark Medellin三位藝術家所創作。
資料來源：*Signs of the Times*, July 1994

◎美國戶外廣告益趨多元化

美國加州橫跨矽谷101號公路的戶外看板，被網路公司和高科技公司爭相購買版面，使路邊廣告看板近年來的行銷業績加倍成長。

戶外廣告看板雖屬低技術性，且因對路邊環境有影響而爲人詬病，但現在發現它的確有其特殊廣告效果。網路廣告近來雖然蓬勃發展，但仍有其缺點，據1999年8月3日《華爾街日報》分析，通常200個上網者，只有一人會看廣告，大半上網者對網路廣告皆視而不見。但戶外廣告卻很難被拒絕，因爲它不能像電腦被關掉，不能像電視任意轉台，戶外廣告永遠在你的面前，你不能不看它，最好的例證就是101號公路，每天有20萬人上下班，每天必須路過101號公路兩次，而且經常會大塞車，這些進退維谷的上班族，唯有目睹擺在路邊的廣告，而且每天反覆地看，對廣告訊息徹頭徹尾深植心目之中。這些被廣告看板所抓住的觀眾，多半是工程師、投資者，其中不乏高科技人士，世界上任何事物都會引起他們的注意目光，因此很多公司寧願月付較高的廣告看板租金，也比在網路上做廣告划算。

現在美國101號公路廣告看板，造成空前搶位浪潮，因爲地點太好，甚至苦等數月才有看板位置，有的等不到位置的廣告主，就用小飛機，尾端牽引廣告旗幟，沿公路環繞飛行，以吸引這些通勤人士，推廣其產品。

矽谷的高科技公司愈益重視戶外廣告，並透過調查公司研究其廣告效果。路邊廣告猶如電視現場（TV life），是不能漏看的電視（TiVo-Can't Miss TV）。因爲它不用錄影帶放映，活生生的畫面，永久停止在那裡。

據統計，紐約市每人一天承受高達5,000個訊息的衝擊。由於大衆傳播媒體廣告費昂貴，而且不易找到電波媒體的好時段、印刷媒體的好版位，所以各大廣告客戶，無不衝鋒陷陣爭取戶外廣告空間。
資料來源：AA雜誌，July 2000

芝加哥大戲院位於芝加哥市一條著名的國家大道上，每逢夜晚，霓虹燦爛，金碧輝煌，儼若不夜之城。
資料來源：*Signs of the Times*, September 1997

英國航空公司在紐約分公司，以巨形「協和號」飛機模型作為其「活招牌」，吸引無數觀衆圍觀。此種以實際飛機模型做戶外廣告，極為罕見，值得參考。
資料來源：AA雜誌，December 1996

運動場計分計時板，是最佳的戶外廣告媒體。因為美國人普遍愛看球賽，球賽入場券甚至高達數千美金，亦在所不惜，每當球賽季節，球迷們如癡如狂，廢寢忘食，爭看球賽。因此運動場計分板，不但現場觀衆衆目睽睽，經過全國電視聯播，成為全國電視觀衆注目焦點，其廣告效果之佳，可以想見。
資料來源：*Signs of the Times*, May 1995

12-2 日本的戶外廣告

日本的戶外廣告，可以下列各種爲代表：

◎租用式廣告看板

顧名思義，此種廣告看板係按行人流動量與交通量衡量廣告費，向廣告看板擁有者約定特定期間，以契約方式租用。此類型廣告看板適合商品販賣活動，特別是化妝品季節性促銷活動，另外日本香菸公司對此種廣告媒體，非常重視。

◎棒球場內廣告

每當職業棒球賽季節，特別是「巨人之戰」，電視實況轉播收視率之高，無任何媒體可以比擬。所以球場內四周陳列的廣告看板成爲眾所矚目的焦點，廣告效果之大，可想而知。這些看板經由電視轉播，會在螢光幕上出現，其中以本壘板側的廣告板位價值最高。

◎霓虹廣告塔

在戶外特定場所規劃設置，燈光閃爍，韻律躍動，刺激行人視覺感官，擴大廣告效果。一般人認爲日本最好看的霓虹廣告塔，以位於東京銀座的「三菱電機」最具代表性，被譽爲日本霓虹廣告塔的象徵。

◎電光及電視畫面型看板

另一屬於區域的象徵代表，是東京新宿車站西口，由Studo Alta公司投資，在該大樓正面，設置超大型影像畫面媒體，每天播出不同節目來吸引行人。此種新型戶外媒體，比一般傳統式廣告看板更有視覺效果。因爲它結合電視新聞報導、交通時刻表與氣象預報、公共服務等多方面的運用，可以說是一種資訊廣告媒體。

12-3 台灣的戶外廣告

1961年是台灣廣告代理業（advertising agency）的發軔期，經過半個世紀的演變，台灣廣告業有驚人的發展。再加上近年來許多外國廣告公司紛紛進駐台灣，爭奪這塊肥沃廣告園地，使得廣告業競爭激烈，不得不走向專業化和國際化，而廣告賴以傳播的媒體，如廣播電視、報紙雜誌等，更是蓬勃發展，成爲名副其實的四大媒體，反觀戶外媒體，卻居次要地位。

但隨著現代人戶外活動頻繁，且戶外媒體收費低廉，針對目標市場（target market），較能發揮預期的廣告效果，這一廣告形式逐漸受到重視。

目前台北的戶外媒體除了傳統的看板之外，其他如霓虹廣告、Q-Board、LED及DV等多媒體科技，如日中天，發展迅速，加大了戶外廣告表現的空間。另方面，由於公車、計程車等交通廣告的開放，更讓戶外廣告無所不在。

尤其近年來台北頂好商圈、新光三越等人潮稠密地段，創意新、花樣俏的新科技廣告，猶如百花爭妍，令人眼花撩亂。這些現代化的戶外媒體，不僅能播廣告，更能隨時插播和市民攸關的新聞和氣象報導，由於這種新媒體兼具聲光色和動感效果，比起傳統的戶外媒體，更能引人矚目。

公車廣告雖然只能以平面靜態的方式表現，但它行駛大街小巷，突破了定點的限制。據統計，覺察一幅車廂廣告的時間約6至7秒鐘，故其所傳達的訊息，應以簡單樸實、引人注目爲主。但公車等交通廣告經常暴露於烈日或陰雨情況下，容易沾染污垢，所以一般食品類的產品，通常少用公車廣告，以避免造成食品不潔印象。

隨著台北捷運的通車，捷運站廣告頓時炙手可熱，由於大量的乘車人潮，涵蓋了上班族、青少年、學生等各種不同的族群，再加上捷運站廣告空間較大，多用大版面或多版面系列畫面，加大了創意人員揮灑的空間，也大大提高了廣告效果。捷運的車廂廣告與公車廣告相比，由於行車路線不同，乘客成分各異，爲了確實掌握訴求對象，在策劃時應作全面性的考慮與規劃。

夜晚的台北街頭，霓虹燈有如亮麗的鑽石，閃爍著耀眼光芒，把大台北的夜空點綴成一片星海，和天空中的繁星相輝映。而摻雜其中的Q-Board、LED等新媒體廣告，在黑夜中看起來比白晝更加絢麗。

如今，這不夜之城的台北和過去相比，猶如天壤之別，不禁令人想起歌星羅大佑曾唱過「台北不是我的家，我的家鄉沒有霓虹燈」這首歌，曾幾何時，這些星羅棋布的霓虹燈，卻成了最能代表台北的象徵，夜晚的台北街頭，即使沒有路燈，依然亮如白晝。

除台北市以外，台灣中南部各大城市戶外廣告，一如台北，都有長足的驚人發展，不另贅述。

在此值得一提的，也是比較特殊的，就是由台灣廣告業肇始者國華廣告公司所開發的鐵路沿線廣告。

在鐵路沿線設置看板，歐美、日本及東南亞各國早已司空見慣。這種廣告對象爲來往旅客，無論任何人，只要坐上火車都會不由自主地對它瞄上一眼，所以此種廣告對促進工商繁榮及裨益觀光事業，收效甚大。

台灣鐵路暢通全島各地，縱貫線長達480餘公里，沿線風光明媚，特產豐饒，所經各處，視野遼闊，風物宜人，最能吸引旅客目光，在其適當地點設置看板，牌高4公尺、寬16公尺，以鋼骨鐵架構成，由於整齊劃一，圖文生動，色彩鮮豔，使來往旅客在驚鴻一瞥間，對廣告的訴求留下深刻印象，發揮莫大廣告效果。

12-4 歐洲戶外廣告觀感

作者於1984年遊歷了歐非十三個國家，在整個行程中，對歐洲戶外廣告的觀感，臚列以下各點，提供參考：

第一，從歐洲各國戶外廣告普及情形來看，可以看出它們的廣告事業相當發達。不論進入任何一個國家的國門，從機場到市區，看板到處豎立，霓虹廣告五光十色，燦爛奪目，成爲都市繁榮的表徵。

第二，歐洲戶外廣告，如看板（包括活動、自動更換畫面者），大都用彩色印刷而成，不但色彩豔麗，且可隨面積大小，分割印刷，再拼成一張大幅廣告。

第三，歐洲招牌廣告另一特色，即同樣畫面重複排列，由於它是印刷的，可大量印製。同樣畫面重複排列，使畫面擴大，可收壯大聲勢之效。

第四，歐洲招牌廣告，面積大小，製作方式，因時因地，各國不一。有的只有木框，而不加蓋玻璃或透明塑膠，任憑風吹雨打，此種看板必須經常更換，以保持色澤清新，此爲最常見者。另有一種在製作上比較講究，外框用金屬鑲嵌，內裝霓虹照明，外罩透明塑膠玻璃，以防日曬雨淋，此種看板顏色歷久不褪，夜間廣告效果尤佳。更講究者，除外框用金屬鑲成，外罩透明玻璃外，看板上，另裝時鐘或氣溫計，以增加實用性。其他如以幻燈方式，每一分鐘更換畫面一次，花樣之多，設計之巧，令人目不暇給。

第五，看板之形式，千變萬化，有的是平面的，有的是圓柱形的，更有的上呈傘狀下爲圓柱。總之，外形如何，全賴匠心獨運，巧妙創作，始能引人注目，發揮廣告效果。

第六，歐洲之戶外廣告，皆經周密規劃，整齊劃一，有條不紊。

不但無礙市容觀瞻，反而爲都市呈現蓬勃朝氣，生動活潑，蔚爲視覺一大享受。

以上係作者對歐洲戶外廣告概括之觀感，唯歐洲疆域遼闊，作者所見，僅一鱗半爪而已。

這兩幅戶外廣告是在法德兩國交界處拍的，上面這幅廣告，強調SUZE含人參成分，營養豐富。下面這幅廣告強調MATEZ汽車有五個門，上下車方便。
資料來源：李浩提供

這幅戶外廣告攝自比利時布魯塞爾。歐洲戶外看板，同樣廣告內容，在同一位置展示，並不罕見。但世界其他各地少有此種情形，究其原因，可能為了壯大廣告聲勢，提醒人們注意。
資料來源：作者拍攝

這是作者旅歐時在一機場候機室拍下的鏡頭，作者所以取此畫面，主要因為這兩幅廣告畫面優美，另一原因則是外框造型，值得參考。
資料來源：作者拍攝

這兩個看板，攝自德國法蘭克福火車站外。按廣告之分類，因為它設置於火車站外，應屬交通廣告之一種。試觀這兩幅廣告，色彩鮮豔，佈局高雅，如果內部裝設照明裝置，屬於照明廣告（illuminated advertising），相信在夜間觀賞，當更耀眼奪目。
資料來源：李浩提供

這兩幅拍自法國Strasbourg的幻燈式廣告，在歐洲相當盛行。作者旅遊歐洲時，曾看過很多類似這種形式的廣告。大約每隔15秒變換畫面一次，請看這兩幅廣告背景完全一樣，只有畫面不同，這是站在同一角度而且相隔很短時間拍的，這兩幅廣告除了色彩調和、畫面悅目值得參考外，廣告框架設計特殊，亦有參考價值。
資料來源：李浩提供

這幅攝自法蘭克福火車站的畫面，除了熙來攘往匆忙的旅客外，最惹人注目的是麥當勞（McDonald's）的廣告。麥當勞是世界上連鎖速食業發展最快的企業，據統計，麥當勞在美國每天就有一家新店開幕，在世界其他國家，每週就增加一處新開業的店，尤其它那金黃色的M作為麥當勞的象徵，小丑模樣的麥當勞叔叔，最令小朋友所鍾愛。
資料來源：李浩提供

下面幾幅畫面，攝自德國法蘭克福火車站，站內站外，無處不是廣告，赫然出現了美國計程車Hertz和披薩Pizza Hut的廣告。要想產品暢銷世界，唯一可行只有廣告。
資料來源：李浩提供

這是一幅手機的廣告，懸掛在瑞士火車站的出口處，路經此處的旅客，抬頭一看，面前出現八位如真人一般的塑像，從其膚色服裝來看，有東方人、西方人。其中一位穿長袍的中國人說：「喂」，其他各國塑像皆以其本國語言，用手機向對方呼喚。這個招牌高掛在來往旅客頻繁的車站，猶如向各方旅客打招呼，博得衆多過客的好感。不但達到了手機的廣告訴求，也提升了手機廠商的企業形象，堪稱一舉兩得。
資料來源：李浩提供

法國巴黎俗稱「花都」，是一個迷人的城市。凱旋門、香榭里舍大道、艾菲爾鐵塔、麗都秀（Lido Show）等名勝，令人流連忘返，樂不思蜀。巴黎以香水聞名，這兩幅畫面，攝自巴黎火車東站大廳，整個大廳掛滿黑白兩色的香水廣告看板。
資料來源：李浩提供

這兩幅「躍向大海」的系列廣告，是在義大利拍的。由一男一女為主角，跳水姿勢極富動感。

從廣告下端可以看出，這個系列廣告是由多家單位聯合提供，這種由多家共同出資所做的廣告，稱之為聯合廣告（tie-up advertising），或稱之為共同廣告（co-operative advertising）。這種方式的廣告，近年來在企業界極為流行。

資料來源：李浩提供

幻燈式的看板，盛行法國。如果攝影鏡頭朝著同一個看板，一個個廣告畫面接踵而出，不論文字的或彩色的，一如原設計意圖，活生生地呈現在每一路人的面前。上面三幅不同的廣告，就是站在同一角度拍攝的，其製作方法和技術，值得推廣。
資料來源：李浩提供

這三幅看板，是在法國拍的。可以看出在同一個看板上，出現不同的廣告畫面，這種能自動更換廣告畫面的看板，經過預先設計，固定每一畫面的顯露時間，猶如放映幻燈片一般，姑且名之為「幻燈式」的廣告看板。
資料來源：李浩提供

這三幅看板，是在法國Strasbourg拍下來的，是一種能自動變換畫面的看板。
資料來源：李浩提供

下面介紹四幅系列廣告。首先說明何謂系列廣告，所謂系列廣告（series advertising），係指用一個主題所做的連續廣告。例如食品公司在電視媒體上所播出的連續烹飪節目，再如保險公司以預防疾病為主題，連續在媒體上刊播廣告，均屬系列廣告。一般而言，所謂系列廣告至少要連續多次，甚至有的廣告在雜誌上用一個主題連續刊登多年。對長期的廣告活動而言，系列廣告效果甚佳。因為這種形式的廣告對讀者或視聽衆，能在自然的薰陶中，博得其對廣告商品或企業的好感。如果將連續刊載的廣告彙輯成小冊子，向有關機構分發，更能擴大廣告效果。

以下是在瑞士首都伯恩所拍的樂透（Lotto）系列廣告，不論廣告創意，或佈局（layout）技巧，均屬上乘之作，極為難得。

廣告大意是買樂透可中大獎，買紅色跑車、流線型遊艇、住豪華城堡或旅遊度假。

從四幅整體觀之，不論其廣告表現或佈局，自成系統，前後一貫，可以說道地的系列廣告形式。

資料來源：李浩提供

樂透系列廣告之一

樂透系列廣告之二

樂透系列廣告之三

樂透系列廣告之四

下面兩幅廣告看板，由同一企業品牌NEIN所提供，以「鐵桶」和「安樂椅」作廣告表現，從完整到破碎，左右一貫，自成系統，可謂典型的系列廣告。
資料來源：李浩提供

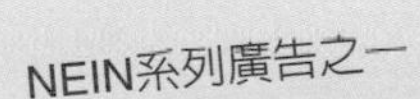

NEIN系列廣告之一

NEIN系列廣告之二

這個麥當勞（McDonald's）速食店的招牌，聳立在法國Strasbourg人行道中間，這種四面直立的看板，可使四面八方行人，不論在任何角度，都能納入眼簾。唯其位置正在行人道上，在市容觀瞻上、路人行走上，是否有礙，值得考慮。換言之，如何能獲得市政當局之認可，是一大關鍵。不過這座看板，上端設有四面都可看到的時鐘，對市民不無貢獻，是否為認可的關鍵，有待進一步查證了。
資料來源：李浩提供

這兩幅行李架上的看板，攝自行駛法國境內的火車上，屬於交通廣告的一種。其優點是乘客處於滿腦空白無聊的情形下，極易接受廣告的傳播。
資料來源：李浩提供

12-5 加拿大的戶外廣告

作者曾於1992年赴加拿大的諾瓦斯科西亞（Nova Scotia）遊覽，它位於加拿大東南角，瀕臨大西洋，與人間仙境的紐芬蘭隔水相望，爲加國主要觀光勝地，有多處著名國家公園，唯地處加國邊陲，遊客不多。

當作者路過New Brunswick聖約翰市郊時，被一幅以「世界最著名的逆流」作號召的廣告招牌所吸引。奇景當前，豈能錯過，於是佇立岸頭，盡情欣賞，此一景觀乃由於潮汐差度甚大，漲潮退潮，形成了「逆流」現象，其實看穿了並無出奇之處，不過加拿大懂得用廣告創造觀光欲求，在「逆流資料中心」齊備各種印刷資料，供遊客任意索取，以助長欣賞興致和了解「逆流」由來。

回程路過麥茵州時，曾遊覽Acadia國家公園。推進觀光事業，首應重視廣告傳播，爲了吸引觀光客，完備的公園資料中心（visitor center）爲發揮廣告功能的必要設施。

資料中心的導遊手冊，種類繁多，有的是由公園行政當局印的，有的是由企業爲推展產品而印製的。如柯達公司所印的宣傳小冊，除介紹公園景色外，並告訴遊客如何使用柯達軟片，並在小冊子內頁顯示出利用柯達軟片能拍出逼眞動人的畫面。而美樂達（Minolta）照相器材公司所設計的宣傳小冊，除介紹該公園有哪些野生動物外，並在手冊裡告訴你如何使用理光（Ricoh）照相機，獵取最珍貴的野生動物鏡頭。

在資料中心大廳，並有巨大的公園立體模型，令遊客一窺公園全貌，其設想之周到，服務之熱誠，令人印象深刻。

此次旅遊加拿大，總結以下數點，藉供參考：

第一，不管推廣產品或勞務，以行銷（marketing）理論和方法最爲有效；美加兩國爲推展觀光事業，在各觀光景點，不惜鉅資，普設觀光諮詢中心，各種觀光資料任君索取。服務人員和藹可親，爲你解答旅遊難題。甚至備有咖啡冷飲以及甜點，免費供應，這種手法就是援用「行銷」理論以取悅顧客，廣爲招徠。

第二，標誌（sign）之妥善活用亦係廣告手法之一，將文字語言標誌化，用標誌指示路徑，明示該路徑可供欣賞的美景內容，這種做法比文字說明尤爲有效。

第三，利用廣告招牌，凸顯名勝特點，如「逆流」（reversing falls）奇景，就是利用大型戶外招牌，來爭取遊客駐足欣賞。因此，在名勝據點，將名勝之歷史背景印成彩色海報，貼於裱板上，供遊客閱讀，係爭取遊客欣賞名勝美景之有效途徑。

第四，予遊客方便，亦係促進觀光之行銷手法。例如在觀光要地，普設大型望遠鏡、烤肉架、野餐桌等，供遊客使用。爲預防雨天影響戶外活動，還設有房舍式野餐設備，雨天野餐，不畏狂風暴雨。

第五，推展觀光事業，除重視廣告外，公共設施必須完備。如公路網、公廁、醫護設施、餐廳旅館等，必須足供遊客所需。尤其公廁，不但應普遍設立，而且要講究衛生，加拿大公廁清潔程度，遠勝美日諸國，足資吾人效法。

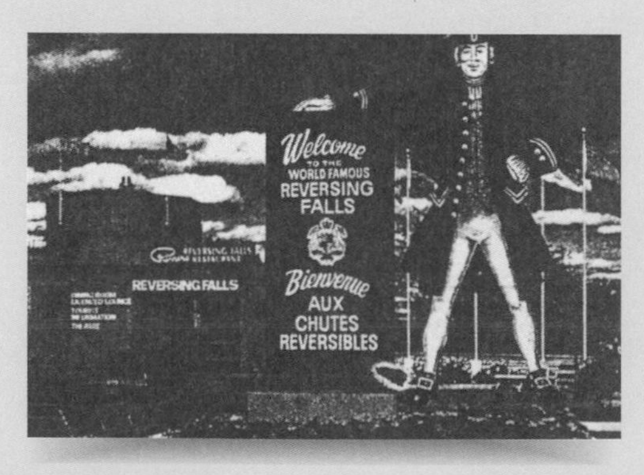

加拿大「逆流」奇景大型戶外招牌。
資料來源：作者拍攝

這兩幅戶外招牌廣告，攝自加拿大一處中國街。廣告文字中西雜陳，建築形式有中有西。招牌設計雖嫌保守，亦可從中略窺我炎黃子孫在海外艱苦卓絕之敬業精神。
資料來源：作者拍攝

12-6　歐亞其他國家戶外廣告

◎英國戶外廣告

據美國《紐約時報》報導，1998年招牌廣告在英國充斥大街小巷，香菸和醇酒招牌，處處可見。而現在公車裡的一些醒目的海報廣告開始受到重視，一些趕時髦的廣告主看中了這個不被重視的公車廣告小眾媒體，被這片有待開發的廣大空間所誘惑。

過去歐洲戶外廣告，幾乎被香菸、酒、汽車廣告所獨占，但現在情勢有很大的轉變，尤其很多化妝品公司喜歡戶外廣告。戶外廣告公司的AE，雖然工作十分辛苦，但他們的努力沒有白費。目前英國的戶

這是英國倫敦的戶外廣告看板一隅，在可口可樂、麥當勞廣告旁赫然出現韓國三星電子（SAMSUNG）的廣告，與世界名牌同時亮相。
眾所周知三星電子公司主要以生產半導體產品聞名，這種產品廣告一般大都刊登在貿易刊物上，可是該公司卻一反常態，利用戶外廣告，且在歐洲的英國，的確令人稱奇。
不過我們研究三星電子之所以如此，探討起來其來有自：1980年前，該公司還是一家微不足道的小企業，但是該公司經營者目標遠大，力爭上游，擬在1990年成為世界半導體業十大之一，所以不惜重資，向國際戶外媒體大量投資，終於1991年躍升為世界第11名，廣告的力量可見一斑。
資料來源：Open Communications in the Last Century

外廣告活動，大都被行動電話名牌Nokia和化妝品L'oral公司所承攬，如果用品質（quality）這個字眼來形容，戶外廣告水準正在急劇提升。旋轉式的戶外廣告（revolving display）製作，從手工製作轉型到高科技化。

英國較常用戶外媒體的廣告主比較複雜，包括香菸公司、皇家郵政、Buena Vista International、Barclays和Kellogg等。

最近歐洲戶外廣告成為網路的寵兒，對一般大眾而言，戶外廣告最為有效，因為現在的戶外廣告很講究創意，廣被廠商所樂用。以英國而言，2000年的戶外廣告大幅成長，戶外廣告占所有其他廣告媒體6.5%，但1995年只有3.9%而已。

◎奧地利戶外廣告

奧地利因係山國，隧道多而長，阿爾卑斯山綿延萬里，山勢險峻，氣勢不凡，加以山溪潺潺，其景不亞於我國桂林。每一村落必有鐘樓及教堂，市內間或有墓園，交通標誌極為明顯。我所看到的奧地利戶外廣告，有幾點觀感如下：

第一，公用廣告看板所有的廣告，大都是經過設計，張貼有序，不會只顧自己而妨礙他人的廣告，可以看出奧地利的國民素質和尊重他人權利的情形。

第二，奧地利的海報和商店招牌，爲了壯大聲勢，慣於重複排列。譬如商店的招牌一個一個接連懸掛，上面是店名，下面分別標明該店主要暢銷商品或品牌。

第三，戶外廣告設計巧奪天工，譬如一家賣香菸的店鋪，突出戶外一個小招牌，上面是一個吸菸者的放大畫面，明顯而有力，令人行道上的步行者，馬上知道香菸的販賣場所。

第四，商店門口各式招牌玲瓏可愛，廣告旗幟五彩繽紛，店門兩側佈置鮮花茶座，令顧客走進商店如登休閒之域，能在如此幽靜整潔店鋪購物，安詳舒適，心曠神怡，誠人生一大享受。

◎俄羅斯的戶外廣告

二十世紀九〇年代初，俄羅斯人對本國的產品並不重視。俄羅斯商人鑑於一般消費者崇洋的心理，而大量進口外國產品，甚至把本國產品取個洋名，以混淆消費市場。

時至今日，俄羅斯的經濟逐漸復甦，消費者的口味也逐漸改變。俄羅斯廣告界爲迎合新趨勢，在廣告創意和設計風格上，除了模仿西方國家的方式，在廣告文案用語上，對本國產品也自我肯定。

目前，俄羅斯廣告界，不論外國或本國的廣告商，即使所廣告的商品並非俄羅斯貨，也都儘量以俄羅斯作主題，來作爲廣告促銷的手段。

例如可口可樂的廣告看板，畫上一對戀人正要親吻，上面除了一顆心形外，還有「可口可樂」四個字樣。而這對戀人正是俄羅斯神話愛情故事中的主角——伊凡和葉樂娜，這使純外國產品的可口可樂也具有俄羅斯情調。

俄羅斯的戶外廣告除了以故事的手法做表現外，在設計上的另一個特色是善用嘲諷式的幽默，以舒解緊繃的生活情緒。

◎印度的戶外廣告

由於印度人鑑賞廣告水準的提高，近年來孟買的戶外廣告大有進步，不僅戶外廣告具有高度的可看性，同時也發揮了服務社會的目的。

例如有一種鋼製廣告桿，桿上裝有鋼桿架包括正面與背面，共可陳列四幅不同廣告，橫在鋼桿架子兩旁，懸掛兩個小盆景作爲點綴，此種類型廣告，在印度邦加羅爾布地區，非常盛行。

在機場通往市區的路旁，由當地社團爲美化市容種植許多花草樹木，這些植物維護費用，是藉著出租看板支應。但是這種看板以花草、鳥類等動物圖案爲主，僅標示提供者公司名稱而已。

另有一種最新形式的「三面立體展示架」，提供了較「街燈柱」型看板效果更佳的視覺效果，立體角錐架最頂端，常由市政當局提供宣傳市政的公共服務訊息。

12-7 發展戶外廣告芻議

作者觀察世界各國戶外廣告之後，有幾點觀感，綜合闡述如下：

(1)因襲我國現有戶外廣告實施及管理制度，積極改良製作方法，使戶外廣告看板，一如美國目前之做法，一律改由原色印刷。

(2)實施戶外廣告，應作通盤規劃，歐美戶外廣告，上天下地，無所不在，但皆整齊劃一有條不紊，值得效法。

(3)組團考察歐美戶外廣告，取長補短，提升戶外廣告業者設計製作水準。

團員應包括市政當局、戶外廣告業者、廣告學者。考察重點應包括戶外廣告業與戶外媒體所有者之關係、戶外廣告製作技術與經營實務、廣告媒體費高低之依據與付費慣例、戶外廣告效果評估方法等。

12-8 美國戶外廣告器材大展觀感

廣告是糅合「科學與藝術」的產物，尤其戶外廣告設計與製作，不但需要敏銳的思維，嶄新的藝術頭腦，更需科學的製作器材。藝術頭腦有賴廣見博聞，科學器材必須及時更新。當此科技發展一日千里之際，製作戶外廣告，如不急起直追，及時跟進，則不論創意如何傑出、造型如何精美，在爭取業務上，斷難與先進之同業並駕齊驅，相互抗衡。

美國聯邦標誌議會（United Sign Council）有鑑於此，每年舉辦一次全國性的戶外廣告器材展覽，以資業者對製作設備汰舊換新作抉擇之參考。其展示對象，針對戶外廣告從業人員。因此，全國戶外廣告業者無不紛紛響應，踴躍參與。此項展覽活動頓時成爲業界注目焦點、戶外廣告從業人員的一大盛事。

2001年的戶外廣告器材大展，以「美國標誌世界」（Sign World USA）作爲大會標誌（logo），以風光明媚的大西洋城（Atlantic City）作爲展出地點。

值此一年一度的盛會，筆者有幸，會同Sign-A-Rama Morristown分公司員工，欣然與會。一進會場，翹首仰望，但見數層樓高的室內場地，遼闊寬廣，規模之大，歎爲觀止。攤位之多，櫛比鱗次，攤位佈置，色彩繽紛，各具特色。解說人員衣冠楚楚，彬彬有禮，面對來賓，笑容可掬，解答所問，包君滿意。櫃檯上各種資料，不限數量，任君索取。

至於展出內容，涵蓋戶外廣告器材全部範疇，舉凡印刷、雕刻、塑鑄、切割等儀器，以及最新戶外廣告所需物料，琳琅滿目，一應俱全。

在裝置招牌工具方面，小自特殊設備之機動車輛，大至淩空之雲梯，應有盡有，無所不包。

再從展覽會場整體觀之，攤位與攤位之間，保持相當距離，雖然參觀者人山人海，但秩序井然，毫無擁擠現象，使各方嘉賓，得能悠然自得，盡情欣賞。

此次展覽有兩項最令作者欽佩，即在偌大的會場一隅，專闢人工繪製招牌區，男女專家各顯神通，當場揮毫，絕無失誤。噴畫手繪各顯絕技，有者雙手並用，左右開弓，繪製之作品不亞於印刷製作。

另一耿耿於懷者，即由本次主辦單位所策畫之全國戶外廣告設計比賽，將參加比賽之精華作品齊集一堂，懸掛於會場醒目處，供來賓觀摩評比。筆者認為有競爭才有進步，類此比賽活動，如能籌畫周詳、評比公正，定可收到提升製作水準之效。

本書作者於美國大西洋城戶外廣告器材大展會場正門。
資料來源：作者提供

Outdoor Advertising Design / Production

附　錄

戶外廣告精彩實例

一般人對戶外廣告設計的看法是：簡單明瞭，便於認知，使熙來攘往匆匆趕路的人能在霎那間，認知廣告訊息。尤其高速公路的看板，以駕車族爲廣告對象，更應重視簡單明瞭。

美國1999年OBIE戶外廣告獎，多以廣告創意爲衡量標準，對招牌造型以及在製作上所運用之新科技等，卻未加重視。而且其廣告創意大都和當地文化、風俗習慣有關，外國人殊難理解。

本書引述之十五幅得獎作品，借助在美國成長、深諳美國文化習俗的樊少凱（Shao Kai Fan）先生，以美國的思考模式與觀點，評析如下。

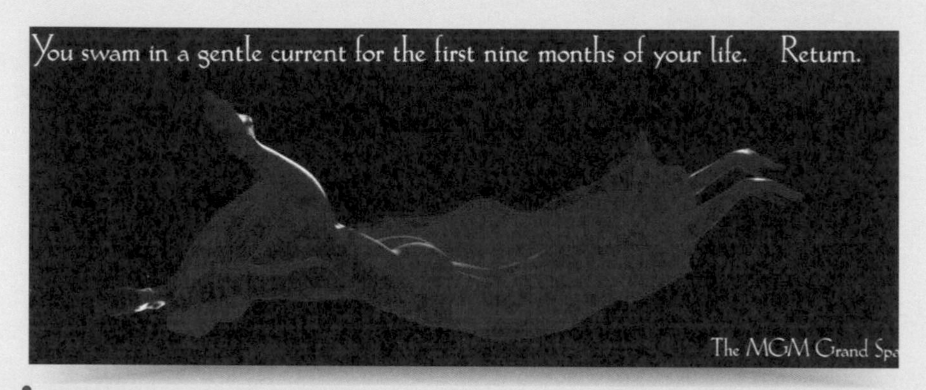

戶外單獨廣告——旅遊．旅館類
廣告主：MGM Grand Spa
廣告代理：Young & Rubicam, San Francisco
這是一家叫MGM Grand Spa的旅館廣告。其廣告表現是一位身著薄紗的紅衣女郎，在漆黑的背景中，呈現逍遙自在的游泳狀。強調該旅館設有溫泉浴場（spa），投宿該旅館，可享溫泉沐浴之樂。
廣告文案大意是：頭九個月你是在溫和的母體中生活著，我們旅館的溫泉浴場，令你重溫胎兒時的情境。

戶外單獨廣告——消費品及勞務類
廣告主：Apple Computer
廣告代理：TBWA/Chiat/Day
這是蘋果電腦廣告系列之一。在二十世紀五〇至六〇年代，由Lucille Ball和Desi Arnaz主演的「我愛露西」電視連續劇，紅極一時。因為劇情打破傳統，備受觀眾喜愛。這幅廣告即以「我愛露西」男女主角相吻的畫面和「不同的想法」（Think different）文句，以強調蘋果電腦突破現狀，不斷創新。

戶外單獨廣告——消費品及勞務類
廣告主：Hallmark
廣告代理：Leo Burnett USA
Hallmark是美國一家著名卡片產銷公司，該公司設計的卡片，華麗多彩，極富創意。廣告中這位白髮蒼蒼的老翁，滿臉口紅痕跡，笑容可掬。廣告強調Hallmark設計的卡片，十分有用（cards work），因為他送給愛人的卡片是Hallmark牌子的，所以贏得不少香吻。

戶外單獨廣告——服裝時尚類
廣告主：Columbia Sportswear
廣告代理：Borders, Perrin & Norrander
這是哥倫比亞運動服裝公司（Columbia Sportswear）推銷冬季用的夾克廣告。廣告中除品牌名稱和標誌外，把整幅廣告一分為二，左邊以雪花紛飛的嚴冬為背景，凸顯出一件能戰勝嚴寒的紅夾克。右邊是一片怒不可遏的雪花，意謂由於這種夾克太溫暖，難與其抗衡，除了忿恨，徒歎奈何而已。

戶外單獨廣告——時尚類
廣告主：DeBeers Diamonds
廣告代理：J. Walter Thompson USA
這是DeBeers Diamonds鑽石公司推銷鑽石的廣告。在黑色的看板上，兩顆大鑽石閃閃發光，燦爛奪目。文案大意是說：親愛的，當你欣賞體育比賽時，你和你的朋友是否還需要些啤酒和三明治？因為傳統的美國女人，討厭他先生和朋友們聚在一起看球賽時大吵大鬧。但是由於他的先生為了討好太太，買了鑽石奉承她。因此，他太太不但不反對，反而端出啤酒和三明治，問他是否還要？

戶外單獨廣告——媒體類
廣告主：ABC Television
廣告代理：TBWA/Chiat/Day
這是ABC電視台在候車亭外所做的廣告。強調電視並無壞處。文案大意是說，假如電視對你（身體）如此不好，為什麼每家醫院病房都有一台？

戶外單獨廣告——飲料類
廣告主：Pete's Wicked Ale
廣告代理：Black Rocket
這是以大樓牆壁作廣告媒體的戶外廣告。廣告商品是Pete's Wicked Ale啤酒。整幅廣告並無文字說明，只有醇酒滿杯的圖片，和懸掛在窗口的滑梯。大意是說不但Pete's Wicked Ale酒味美可口，而且也很好玩。

戶外單獨廣告——餐廳類
廣告主：Faultline Brewing Co.
廣告代理：Goldberg Moser O'Neill
廣告創意：這是一家餐廳的廣告。燭光、音樂和美食是人生最基本的享受，這幅廣告文案大意是：在這家餐廳用餐，可享受浪漫燭光、美食和體育台（ESPN）主題歌的單純樂趣。

戶外單獨廣告——娛樂類
廣告主：John F. Kennedy Library & Museum
廣告代理：The Martin Agency
這是為紀念美國甘迺迪總統而設立的圖書館及博物館的廣告。六〇年代是美蘇太空競賽最熾烈的年代，當時甘迺迪被選為總統，誓言十年之內要把人類送上月球。果然，美國太空人阿姆斯壯於1969年順利登上月球，為人類太空探險邁進一大步。在整幅廣告上，以太空人的腳印圖片，比擬為約翰．甘迺迪的指紋（John Kennedy's Fingerprint.）文案，作為廣告內容，十分符合訴求旨意，圖文並茂，相得益彰。

戶外單獨廣告——媒體類
廣告主：ABC Television
廣告代理：TBWA/Chiat/Day
這是ABC電視台的廣告。文案大意：沒有電視之前，兩次世界大戰。有了電視之後，一次大戰也沒有。意謂電視能促進人類和平。

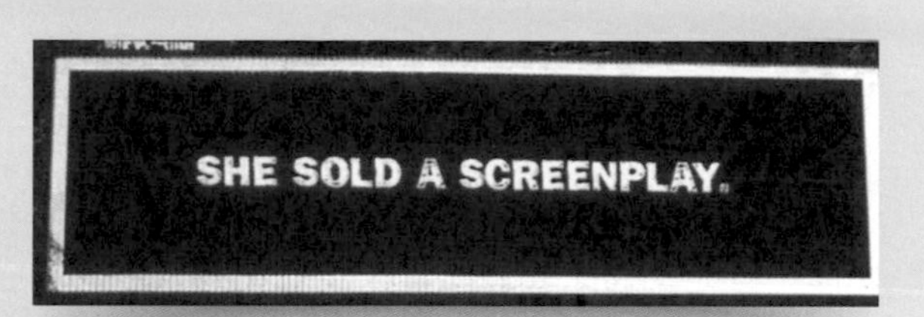

廣告活動——飲料類
廣告主：Sauza tequila
廣告代理：Cliff Freeman & Partners
「她賣掉了一份電影劇本。」這是什麼產品廣告，局外人不得而知。因為戶外廣告是「小衆」媒體，其到達（reach）範圍有限，廣告創意必須符合當地習俗，這個廣告得獎的原因，可以道破了廣告必須善用廣告對象所熟知的習俗和俚語。

廣告活動——消費品及勞務
廣告主：Harley-Davidson
廣告代理：Carmichaol Lynch
這是Harley-Davidson摩托車的公益廣告，呼籲小心駕駛，注意安全（ride safe）。廣告文「Don't scratch your parts」，含雙關意義，一為不要抓你的臀部，因為那是不禮貌的，一為不要把摩托車撞壞，要注意安全。

戶外單獨廣告——招待所．娛樂類
廣告主：California Lottery
廣告代理：Alcone Marketing Group
這是加州彩券公司的廣告。廣告當中用二極發光體（LED），顯現目前所能得到的獎額，以鼓勵大家購買獎券。文案大意是：驟然之間你變漂亮了（不醜了），成為獨一無二的大人物。因為你贏得巨額獎金之後，人們對你的看法不同。

戶外單獨廣告——公共服務
廣告主：United Way
廣告代理：Peterson Milla Hooks
美國聯合勸募（United Way），是一個扶弱濟困幫助無家可歸的慈善機構。廣告內是一個隧道末端，漸露曙光的畫面。美國有句諺語「隧道末端有亮光」（Light at the end of the tunnel），意為身處困境的人們，仍有一線希望，因為United Way會伸出援手，拯救陷身困境的人們。

戶外單獨廣告——旅遊・旅館類
廣告主：USS Hornet Museum
廣告代理：JWT West San Francisco
這是位於舊金山市一所軍艦博物館（USS Hornet Museum）的廣告。文案大意是：炸掉別的博物館，如果願意這樣做，也能辦得到。特別強調，它勝過其他博物館，因為這艘軍艦博物館的艦上真正裝有巨炮。

參考文獻

◎英文部分

1.書籍

Claus, Karen E. & Claus, R. James (1991). *The Sign User's Guide: A Marketing Aid*. Cincinnati, OH: ST Publications.

Fitzgerald, Bob (1991). *Practical Sign Shop Operation*. Cincinnati, OH: ST Publications.

Meyers, W. S. & Anderson, R. T. (1974). *Starting A Farmer's Market Appendiz IV, Critiquing Signs*. Minnesota Department of Agriculture.

2.雜誌

Digital Graphics Magazine.

Digital Magic.

Print-Mart.

ScreenPlay-for Garment Graphics.

Screen Printing.

Sign Builder Illustrated.

Sign Business.

Sign Craft: The Magazine for the Commercial Sign Shop.

Signs of the Times.

Small Business Computing.

The Big Picture.

◎中文部分

日本久保田宣傳研究所主編（昭和46）。《廣告大辭典》。東京：株式會社九保田宣傳研究所。
何銘驥、鄒光華編譯（1985）。《廣告媒體計劃》。台北市：廣告時代雜誌社。
林磐聳（1985）。《企業識別系統》。台北市：藝風堂。
株式會社電通（1993）。《POP廣告》。台北市：朝陽堂文化。
國華廣告公司發行。《國華人》雜誌。
朝陽堂編輯部（1996）。《現代廣告事典》。台北市：朝陽堂文化
朝陽堂編輯部（1996）。《現代廣告表現事典》。台北市：朝陽堂文化。
楊文玉、楊家輝（1985）。《廣告英日漢辭典》。台北市：全塑實業有限公司。
廣告時代雜誌社。《廣告時代》。
樊志育（1992）。《廣告學原理》。台北市：作者自行出版。
樊志育（1994）。《促銷策略》。台北市：作者自行出版。
樊志育（1995）。《廣告學新論》。台北市：作者自行出版。
鄭國裕、林磐聳（1987）。《色彩計劃》。台北市：藝風堂。

户外廣告

廣告經典系列4

著　　者／樊志育・樊震
出 版 者／揚智文化事業股份有限公司
發 行 人／葉忠賢
總 編 輯／林新倫
執行編輯／晏華璞
美術編輯／李一平
登 記 證／局版北市業字第1117號
地　　址／台北市新生南路三段88號5樓之6
電　　話／(02)2366-0309
傳　　眞／(02)2366-0310
E-mail／service@ycrc.com.tw
網　　址／http://www.ycrc.com.tw
郵撥帳號／19735365
戶　　名／葉忠賢
印　　刷／上海印刷廠股份有限公司
法律顧問／北辰著作權事務所　蕭雄淋律師
初版一刷／2005年7月
定　　價／新台幣400元
I S B N／957-818-746-7

國家圖書館出版品預行編目資料

戶外廣告 = Outdoor advertising design / production / 樊志育, 樊震著. — 初版. -- 臺北市：揚智文化, 2005 [民94]

面；　公分. -- (廣告經典系列；4)

參考書目：面

ISBN　957-818-746-7（平裝）

1. 廣告

497.6　　94010896